>>>> **ZHENG DAO** <<<<

FANSHI ZHENGMIAN SIKAO

正道

凡事正面思考

姜正成◎编著

民主与建设出版社

图书在版编目（CIP）数据

正道：凡事正面思考 / 姜正成编著. －－ 北京：民主与建设出版社, 2016.8

ISBN 978-7-5139-1252-5

Ⅰ. ①正… Ⅱ. ①姜… Ⅲ. ①成功心理–通俗读物
Ⅳ. ①B848.4–49

中国版本图书馆 CIP 数据核字（2016）第 207943 号

正道：凡事正面思考
ZHENGDAO：FANSHI ZHENGMIAN SIKAO

出 版 人	许久文	
编 著	姜正成	
责任编辑	王 颂	
封面设计	侯 泰	
出版发行	民主与建设出版社有限责任公司	
电 话	(010) 59417747　59419778	
社 址	北京市朝阳区阜通东大街融科望京中心 B 座 601 室	
邮 编	100102	
印 刷	北京晨旭印刷厂	
版 次	2016 年 9 月第 1 版　2016 年 9 月第 1 次印刷	
开 本	710mm×1000mm 1/16	
印 张	16.25	
字 数	248 千字	
书 号	ISBN 978-7-5139-1252-5	
定 价	36.00 元	

注：如有印、装质量问题，请与出版社联系。

前　言

我们每个人都可能遭受情场失意、官场失位、商场失利等方面的打击；我们每个人都会经受委屈时的苦闷、挫折时的悲观、选择时的彷徨，这就是人生。

当人在面临冲击时，一般而言都会产生两种反应：积极面对或是消极逃避。这两种截然不同的反应，会造成两种不同的人生。所以，这时你的抉择就是塑造自己日后人生发展的关键，该如何决定，完全掌握在你的手里。

你经历过挫折和绝望吗？那时候，天空是铅灰色的，你消极、沮丧、敷衍，什么都不想做，可你的内心又极度渴望成功，那时候你会焦头烂额，觉得无计可施。其实，每个人都有成功的潜质，只要遵从积极思考的原则，并将其系统应用于实际生活中，就会极大地提高自己实现目标的能力。

失败是与成功相伴相随的一个影子，但一个积极心态者并不会否认失败，他们只是学会了勇敢地面对失败，不让自己被失败所折服，不让自己深陷一种不幸与痛苦之中，从而将消极的一面转化为积极因素，以获取人生的幸福、快乐与成功。

凡事健康思考，保持正面态度，在遇到困难时，容易化险为夷。

《正道：凡事正面思考》向你展示了正面思考的巨大力量。以鲜活有趣的故事配以点睛妙语，为你揭示了一个成功学理论——正

面思考。相信你在了解了正面思考之后，一定会超越自身的不快乐、狭隘、愤怒、嫉妒、恐惧、焦虑等消极心态，以更积极的、建设性的情绪来面对生活的挑战。

积极地思考有效吗？当然有效！只要你愿意去耕耘培植它，积极思考便能发挥奇效。乐观、热情、信念、勇气、信心、决心、耐心……当这一抹抹积极思考的阳光照进心灵时，将会唤醒人们与生俱来的积极思考的品质，从而产生令人叹为观止的力量。当一个脱胎换骨的你和崭新的事业展现在世人面前的时候，你将对生命所能达到的境界发出由衷的礼赞。

对人生加以思索的人，觉得人生是喜剧；只凭感触而未加思索的人，便觉得人生是悲剧。如果能够学会在面对任何挑战及问题时，都能以积极正面的想法去思考与解决，那么人生将更加从容与平静，也更容易让自我达成未来设定的目标与方向！这便是本书的最大宗旨。

如果你肯认真阅读本书，你的生活将每天充满阳光和欢笑；如果你肯认真实践本书，你将永远胜人一筹。如果你想找一本书读读帮助你的人生更加成功的话，《正道：凡事正面思考》就是你最好的选择！

但愿本书能帮助每一位读者改变自己的心态，充分发挥正面思考的力量，探索正确的人生之路，直到成功！最后，让我们重提成功学的一致论断：人人都能成功！其中也包括你！！

选择只需一刹那，影响却是一辈子。悲观者，只看到机会后面的问题；乐观者，却看到问题后面的机会。过去的一切决定了现在，现在的一切决定着未来，为了希望和成功，朋友，请凡事从正面思考，那么，事事会变得非常美好！

第一章　我们需要正面思考

何谓正面思考？它指的是，在遇到挑战或挫折时，人们会产生"解决问题"的企图心，并找出方法正面迎接挑战。反之，负面思考就是一遇到挫折，人们就被负面情绪打败，而责怪自己、环境，最后选择退缩、放弃或报复。

一项权威的心理学研究显示，正面思考的人，不论薪资还是健康状况，都比负面思考的人要好，在这个挫折丛生的年代，你必须学会正面思考，才能立于不败之地。

第二章　正面思考者的七大品格

"正面思考"是一种观念的环保，也是一种良好的习惯。一个懂得正面思考的人，不管遭遇到任何困难，总能保持愉悦的心情，甚至化险为夷，为自己带来好运气。那么，"正面思考"须具备哪些品格呢？下面七点会告诉你。

第三章　好心态才有好生活

人的生活并非只是一种无奈，而是可以由自身主观努力去把握和调控的，心态的好坏必然导致对事情看法的不同。心情好，觉得天也蓝，地也宽；心情坏，觉得到处都是灰蒙蒙的一片。人的一生并非听天由命，而是由心态来控制，而你就是心态真正的主人。因此，你的生活由你自己选择，也是由你自己创造的！

第四章　勇敢面对不可更改的事实

同样是水面上的波纹，不会正面思考的人，只看到悲伤的脸。反之，会正面思考的人会看到开心的笑。因此，他们活的很快乐。而你呢？

学会正面思考，从容地面对困境。因为，"梅花香自苦寒来"，因为有正确的人生观，所以青春无悔。与其朝花夕拾，不如带露折花。还是那一句，学会正面思考……

第五章
保护自己，不要让"坏心态"主宰你

心理学家认为：保持着好心态的人，就好像一条活鱼，能够在社会、家庭、生活的海洋中自由自在地遨游。我们确信，一个人只有拥有好心态，才能拥有成功的人生。多些正面思考，你的人生就多了一些自信，对人对事也就多了一份大度和宽容，这应该是一种成熟的表现；一个人经常生活在负面思考中，世界观就会慢慢畸变，就会变得斤斤计较。正面思考，总是能给我们一些力量，总能让我们振奋。

第六章　积极思考，向困境说"再见"

积极的人像太阳，照到哪里哪里亮；消极的人像月亮，初一十五不一样！困境，其实是人生最大的赐予。只有困境才能激发自己的潜力，让自己认清人生的真谛。

第七章　自己，就是生命的灯塔

很多人抱怨自己的命不好、运气差，整天哀声叹气、怨天尤人，偏偏这些人大多成天无所事事、游手好闲，以至于最终一事无成。因此我们要明白"命运是掌握在自己手中的"这个道理，不依赖他人，积极地迎接挑战，勇往直前，努力拼搏，这样才能到达成功的彼岸。

第八章　让正面思考掌舵快乐生活

"正面思考"使我们在最坏的时候，能往好处想。它使我们学会宽恕，学会感恩。带我们度过最艰苦的岁月，且与每个身经苦难的人结合的更紧密。因此，学会让正面思考掌舵自己的生活吧，这样你才会活得更加快乐！

第一章　我们需要正面思考

何谓正面思考？它指的是，在遇到挑战或挫折时，人们会产生"解决问题"的企图心，并找出方法正面迎接挑战。反之，负面思考就是一遇到挫折，人们就被负面情绪打败，而责怪自己、环境，最后选择退缩、放弃或报复。

一项权威的心理学研究显示，正面思考的人，不论薪资还是健康状况，都比负面思考的人要好，在这个挫折丛生的年代，你必须学会正面思考，才能立于不败之地。

1.改变人生的力量

有人这样说过："命好不如习惯好!"确实如此，"正面思考"也是一种习惯，它使我们一直保持喜悦、乐观的心情，是一种"打开心灵之门、增进情绪智能"的好习惯!

有人说："一个人的成败取决于他的心态。"的确，我们可以从成功者脸上的微笑得到证实：面对自己的心海，一个好的心态能让自己一生绽放。

事实上，虽然说"正面思考"不能完全等同于"积极心态"，但两者之间却有着诸多的相同之处。所以我们在谈到"正面思考"的时候就不可避免地要一再地谈到"积极心态"。心态是我们真正的主人，它能使我们成功，也能使我们失败。因此，它也可以与"正面思考"有着相同的力量，这种力量就是改变人生的力量。同一件事由具有两种不同心态的人去做，其结果可能截然不同。心态决定人的命运，不要因为我们的消极心态而使我们自己成为一个失败者。要知道，成功永远属于那些抱有积极心态并付诸行动的人。成功需要健康的心态，没有健康心态的成功早晚会出现漏洞，甚至会塌陷。为什么拿破仑能够顶住压力而叱咤风云? 为什么海伦·凯勒在双目失明的情况下，心中依然有光明之梦? 这都是健康心态所起的作用! 也就是说，这都是因为他们遇事能够正面思考。

想要改变自己的世界，改变自己的命运，改变自己的人生，首

先应该改变的是自己的心态，改变自己思考的方向。只要心态是正确的，我们的世界也会是光明的。

事物都有其两面性，问题就在于当事者怎样去对待它们。强者对待事物，不看消极的一面，只取积极的一面。人的一生中都会遭遇不如意的境遇或身处逆境。此时，如何看待逆境，思考何种解脱方法，采取什么行动来摆脱困境，对人生的发展有至关重要的影响。

有一个文人数次参加科考，却屡试屡败。又一次进京赶考时，他住进了一家以往经常投宿的旅店。考试前两天，他接连做了三个梦！第一个梦：文人梦见自己在高墙上种白菜；第二个梦：下雨天，他戴了斗笠还打着一把雨伞；第三个梦：文人和心爱的表妹脱光了衣服，只是这对表兄妹却是背靠着背一起躺在床上！

文人认为这三个梦应该有着一定的含意，于是第二天一早他就跑去找庙公解梦！庙公一听随即拍案大声说道："哟，你还是早点回家去吧！你想想，高墙上种白菜不是'白种'吗？戴了斗笠还打伞，那不正代表'多此一举'？和表妹脱光了衣服、背靠背躺在床上，那叫'没戏唱'呀！"

文人一听顿时感到心灰意冷，他无精打采地回到旅店就收拾行李准备要返乡，店家老板不解地问他："明天就是考试的日子，你怎么会选择放弃而在今天折返家乡？"文人将庙公所解释的话语诉说了一番，店家老板哈哈大笑着说道："哟，我也是解梦的专家！我倒觉得你这次一定要留下来应试才对！你想想，高墙上种白菜不正是'高种'吗？戴了斗笠又打伞，那说明你这次的应试是'有备无患'！和你心爱的表妹脱光了衣服、背靠背躺在床上，那代表你'翻身'的机会就要到了！"文人一听，于是振作起精神去参加考试，结果他高中了"探花"！

从故事中我们可以得出一些结论：有什么样的想法就会产生什么样的现实，关键是思考方式的不同而已。如果摔了一跤，把手摔出血了，他会想：多亏没把胳膊摔断；如果遭了车祸，摔折了一条腿，他会想：大难不死必有后福。强者把每一天都当作新生命的诞生而充满希望，尽管这一天有许多麻烦事等着他；强者又把每一天都当作生命的最后一天，倍加珍惜。

美国潜能成功学家罗宾说："面对人生逆境或困境时所持的信念，远比任何事都来得重要。"这是因为，积极的信念和消极的信念直接影响创业者的成败。

心态是一个人思想的先导，而一个人的行动受思想指挥，而行动又决定人的成功与失败，一个人一生的成败就是这个人的所谓的"命运"。

在《成功学》中拿破仑·希尔说：心态是命运的控制塔！消极的心态是失败、痛苦的源流，而积极的心态是成功、快乐的保障！

当然，一个人拥有了良好的心态，未必就会赢得他人的喝彩与倾慕，但若要摘取成功的桂冠必然要有良好的心态。

保持积极的正面的思考方式、良好的心态会使人在逆境中崛起。贝多芬一生不乏坎坷挫折，在他人眼里只不过是一个又聋又疯的音乐痴。双耳失聪对于一个投身音乐事业的人来说已是一种致命的打击，加上他人的不理解与内心的孤寂更加增添了他内心的抑郁，可他没有被此击倒，痛苦的深渊中他爆发出内心所有的激情，"我要扼住命运的咽喉"。人生总有坎坷，纵然前方荆棘铺路，也要时时燃起心中那盏不灭的明灯，指引我们走出心灵的困惑，发挥我们特有的主观能动性，让强烈的精神意识把我们从黑暗之中解救出来，摒除外界的干扰，走向成功的殿堂。

成功的秘诀究竟在哪里？心理学专家发现，其实这个秘诀就是人的思考方式。一位哲人说，你真正的主人是你的思考方式，是你的心态。一位伟人说："要么你去驾驭生命，要么是生命驾驭你。你的心态决定了谁是坐骑，谁是骑师。"成功的心态获得成功的人生，如果你定义自己是幸运儿，你会找到足够的事实证明你是幸运

儿；如果你定义自己是个倒霉蛋儿，你会找到足够的事实证明你绝对是个倒霉蛋儿。生命只是一个过程，生活是一种体验。在生活中，我们要以积极的心态，把工作看作是娱乐，把人生看作是舞台，我们是演员，同样也是观众，我们要在自己的积极信念的指引下，体验过程，尽情表演，享受人生。

想要掌握自己的命运，首先要掌握自己的心态！改变自己的思考方式！要保持积极的心态，凡事正面思考，这样才能把握住成功。

相信很多人都听说过乔治·丹特齐格这个名字，他是斯坦福大学运算研究和电脑科学教授。在他的学生时代，曾经发生过这样一件对他的一生影响巨大的事情。对这件事情，他是这样叙述的："当时我正在加里福尼亚大学伯克利分校数学系攻读硕士学位。有一天，我像往常一样又迟到了。进了教室后，我便匆匆忙忙抄下黑板上的两道数学题，我想，那一定是教授留的家庭作业。那天晚上，就在我坐下来解这两道数学题时，我感觉到这是教授有史以来留的最难的家庭作业。我冥思苦想了几个晚上，在试着解第一道题之后，又试着解第二道题，但都无法得出结果。可我仍然坚持着。"

经过数天的努力，他终于取得了突破性进展，解开了这两道题。第二天他将作业带到了教室，交给了教授。六周后的一个星期天的早上，一阵巨大的敲门声将乔治从梦中惊醒了，他很吃惊地发现敲门的竟然是教授。"乔治！乔治！"他喊道，"你解出了它们！"。

开始时，乔治对于教授的反应感到很疑惑。他说："是的，我当然解出来了，那不是我该做的作业吗？"后来经过教授解释，他才知道，原来黑板上的这两道题不是家庭作业，而是数学界两道著名的难题，多年来许多著名的数学家都没能解决它们。教授几乎不敢相信他在短短的几天时间里就解开了这两道题。

事后很长时间，当乔治提到这件事情的时候，他就会说："如果事先有人告诉我这是两道非常著名的数学难题，或许我根本就不会试着去解它们了。这件事充分说明了积极思考的力量。"

　　记得有本书上有这样一段话："一项权威的心理学研究显示，正面思考的人不论薪资与健康都比负面思考的人来得好。在这个挫折丛生的年代，必须拥有阳光心态，学会正面思考，才会立于不败之地。"

　　心态是人生成功的关键所在，一个成功的人，他必定怀有积极的心态，具有"求胜性格"，表现一种自信，一种生命力。他的这种心态是心灵的火种，它吸引财富和成功，还吸引着幸福、快乐和健康。一个失败者，是因为怀有消极心态，表现得悲观、恐惧和麻木，有"求败性格"。这种心态是心灵的疾病和垃圾，它与成功者相排斥。我们可以说心态就是一个人的素质、能力，也是一种生产力。

　　一个人的心态怎么样，那他就有什么样的生活。当你对成功的渴望像需要空气一样时，你就离成功不远了。一切的成就，一切的财富，一切的快乐，都始于一个意念、一种思考方式。一个人的心态决定了他是否能成功，正面思考、积极的思考方式决定了一个人的人生，它是改变人生的一种伟大力量。

2.战胜不利环境

　　成功，失败，两种截然不同的结果出现，很大程度上可以说是由于当事人"思考方式"的不同所导致的。

很多时候你会遇到这样的情况：在十分困扰的情况下，终于下定决心开始想做之事，却又面临危机。这时你的内心不免会苦恼："为什么老是这样？"但却迟迟无法解决。你是否无论做什么事都不顺利，总是重复失败与挫折？"为什么自己的运气总是这么差？"而放弃了自己美好的命运？

每次行动之前，你是不是会先想着"如果失败了怎么办？"或者"可能会失败，但还是试试看吧"？果真如此，这样的想法会在不知不觉中成为你的习惯，并且变成行动前的不安与紧张，所以你的运气才会消失殆尽。

一旦心中一直存有这种负面的思考，你将会发现潜意识已在不知不觉中成为自己的敌人。

那么你是否想要知道"如何才能拥有正面思考"？就是要不断地从意识层面投出"正向言辞之石"。这样的自我激励语言有很多，如：

我的运气一直很好。

无论做什么事都很顺利。

成功就在眼前。

没有什么事是我做不到的

……

将你的梦想、愿望，或是能振奋心灵的言辞之石，一个个投入心中。而且真诚地相信，一切都将如此。

正如世界华人成功学第一人——陈安之在《把自己激励成超人》中说的：

"成功者做一般人不愿意做的事！

成功者做一般人不敢做的事！！

成功者做一般人做不到的事！！！"

改变心态，可以把恶劣的环境，变成对自己有利的环境。

陈安之还说道："要让事情改变，先改变自己。要让事情变得更好，先让自己变得更好。"

有人说："改变态度，就能改变环境。"还有人说过："对待生活环境，改变一切你能改变的，适应一切你不能改变的"。积极适应是最佳的应对事情的状态。就是说，不管环境如何，都表现为满意或比较满意的心境。环境良好固然能保持情绪的饱满和协调；环境不好也能采取常态的对策，正确对待自己所处的环境，权衡利弊，因势利导，以利于自己的生存和发展。我国的许多格言如"自古英雄多磨难""好事多磨""成人不自在、自在不成人"，等等；英国教育家巴里说："你不能同时奢望是伟大的又是舒适的"。所有这些都说明一个事实：往往是不利的环境和条件更能磨练意志，出人才，出成就，抱定目标，不懈地追求，战胜不良因素，往往是苦尽甜来，最终走向成功。

生活中，当人们到了一个恶劣的环境中，大多数人首先想到的是如何逃避，接着就是哀声叹气地抱怨，但大多数毕竟不是全部，这里就有这么一位，他就是在美国历史上建立了丰功伟绩的亚伯拉罕·林肯。

1832 年，在美国，年轻的林肯失业了。他当然很难过，因为面临困境。但他没有气馁，经过一番思索，他下决心改行从政。糟糕的是，他在竞选中失败了。一年里他接连遭受两次打击。但他仍不灰心，又着手开办企业。可是不到一年，他的企业倒闭了，负债累累。在此后的 17 年里，他不得不为偿还债务到处奔波，可说是历尽磨难。他连续经历的 11 次较大事件中，只成功了两次。此后又是一连串的失败和碰壁。可贵的是，他始终没有颓唐，始终没有停止自己的追求。尽管屡战屡败，但他屡败屡战，一直精神抖擞，一直做自己生活的主宰。28 年之后，1860 年，他终于成功了，当选为美国总统。亚伯拉罕·林肯的人生经历充满坎坷，荆棘遍地，障碍重重，但他是精神上的强者，所以他成功了。

在游历了世界上最著名的国度之后，著名成功学家陈安之总结

出他们成功的一个关键是："人是环境下的产物，成功环境，创造成功人生"。

要成功，就要有一个成功的环境。你在什么环境里，就会受什么环境的影响。你在好的环境里，会受到好的力量推动；在不好的环境里，会受到不良环境的阻力。

举例来讲，假若一部奔驰车跑在高速路上和跑在戈壁滩上相比，哪里会更快？更舒服？为你的奔驰车找一条良好的车道，也就是为你的成功找一个良好的环境。

当然，我们必须要面对现实的生活。因为很多时候，我们是没有办法选择自己生存的环境的，但用心去"改变自己"，却是可以马上做到的。你没有能力改变别人，改变环境，但你可以改变自己，通过执著而坚持的力量，"做一般人不愿意做的事"，给自己带来意想不到的好运。坚持做好手中的一件事，并做到"做一般人做不到的事，做一般人不敢做的事"，让自己拥有实现理想及目标的"资本"。

一个人不能时时刻刻都和环境相宜。对于这样的现实，我们常会听到"与其说去改变别人，不如先改变自己"之类的话。其实改变别人与改变自己一样的艰难与痛苦。只有改变环境，才能改变自己。因为新的环境，给了你新的视野、新的震惊、新的挑战、新的朋友、新的未知、新的坐标，更重要的是一个新的自己！当环境恶劣的时候，我们不是设法来应付环境，就是设法改变自己，使自己能适应环境，进而再改变环境。你可以屈服于环境，也可以使自己变得更加坚强，然而你也可以改变环境，让环境因你而改变，这一切的结果只在于你是怎样想的。

有一个年轻人总是抱怨之语不离口。有一天，他又在向其父抱怨自己的生活，抱怨事事都那么艰难。他说："我真不知道该怎样应付生活，简直要自暴自弃了。我觉得生活和学习的压力已经超过我所能承受的极限。"

　　这位年轻人的父亲是一位厨师，见儿子总是这么抱怨，他决定对儿子进行一番开导。于是，他把儿子带进厨房。他往三只锅里倒入了一些水，然后把它们放在旺火上烧。不久，锅里的水烧开了。他往一只锅里放了一只胡萝卜，第二只锅里放入了一个鸡蛋，最后一只锅里放入的是碾成粉状的咖啡豆。他将它们浸入开水中煮，而且什么话也没有说。

　　年轻人对于父亲的行动感到很纳闷，他不耐烦地等待着。

　　大约 20 分钟后，父亲把火关了，把胡萝卜捞出来放在一个碗内，把鸡蛋捞出来放入另一个碗内，然后又把咖啡倒在一个杯子里。

　　做完这些后，他才转过身问年轻人："你看见什么？"

　　"胡萝卜、鸡蛋、咖啡。"年轻人回答。

　　父亲让年轻人靠近些，并让他用手摸摸胡萝卜。他摸了摸，注意到它们变软了。

　　父亲又让儿子拿起鸡蛋并打破它。将壳剥掉后年轻人看到这只鸡蛋被煮熟了。

　　最后，父亲让他啜饮咖啡。品尝到香浓的咖啡，年轻人笑了。并问父亲这意味着什么？

　　父亲解释说，这三样东西面临煮沸的开水这样的不利环境，但其反应各不相同：胡萝卜入锅之前是强壮的、结实的，毫不示弱的，但被放入开水后，它变软了，变弱了，也就是它完全被环境打败了。鸡蛋原来是易碎的，它薄薄的外壳保护着它呈液体的内脏，但是经开水一煮，它的内脏变硬了，它被环境改变了。而粉状咖啡豆则很独特，进入沸水后，他们反而改变了水。

　　改变不了外在环境，就改变自己，让自己去适应环境，之后再试图改变环境让环境来服务自己。改变自己的心态，可以把恶劣的环境变成对自己有利的环境。生活并不是一帆风顺的，每个人都会遇到这样或那样的困境。面对困境，每个人都有权决定自己的态度

和前途。在艰难和逆境面前，如果你学胡萝卜那么你将会被自己所处的环境打败；如果你学鸡蛋那么你也会因环境而变得坚强；如果你学咖啡豆那么你就可以改变环境。你可以屈服，也可以使自己变得更坚强，你也可以改变环境，这一切的结果只在于你是怎样想的。每个人手上的工作，在行业内都一定有个突破点，一旦找到了，就要用坚持不懈的毅力，去达成目标，并做到杰出，另一个好的机会就一定会出现。

世上，人人都想成功，但想要保证自己成功，其方法就是在你遭受挫折时，不受影响地继续干下去。这也正如拿破仑的名言："避免失败的最好办法，就是下决心获得成功。"雨果说得更详尽："对于那些有自信而不介意于暂时失败的人来说，没有所谓失败；对于怀有百折不挠的坚定意志的人来说，没有所谓失败；对于别人放弃、他却坚忍，别人后退，他却前进的人来说，没有所谓失败；对于每次跌倒却立刻站起来的人，每次坠地反而像皮球那样跳得更高的人来说，更没有所谓失败。"雨果这些话是说，精神不垮的人，永远有他成功的机会；心理上的强者，能够主宰自己的命运，而不是让环境和条件主宰自己的命运。

我们常常会因社会环境错综复杂而感到无所适从。有人想过要改变环境，而错综复杂想要洞察明了已相当不易，要改变更是难上加难。于是，在我们无法改变环境的时候，最好的办法就是去适应现有环境。以大作家王蒙来说，他在"文革"期间，被发配到新疆农村改造。语言不通，水土不服，艰苦的环境几乎将他打倒。他本可以痛斥那罪恶的年代，高唱着心中的理想去寻找天堂。可他没有，他知道自己无法改变环境。他学会了维吾尔族语，吃惯了羊肉，睡惯了帐篷，在艰苦中积聚力量，等待那"拨开乌云见太阳"的日子。近二十年的苦难，他终于挺了过来，而笔下的文字因这苦难而更老练、淳厚。

看到王蒙的经历，让我们明白，生活中的很多时候，我们是没有办法选择自己生存的环境的。

环境会带给我们苦难,每个人都需要承受那份属于自己的苦难。坚强地选择经受这磨砺的人,会在考验中变得更坚强。当环境无法改变的时候,选择改变自己,本身就需要很大的勇气,因为他们相信风雨之后的新生将更加美好。

在我们无法改变环境的时候,请选择改变自己。不要以为那很委屈,那正是为我们能昂首生活所必须做出的选择!改变自己不是没有准则,而是最积极的应对之策。问题在于彻底改变了自己之后,对于现有利益不免大大的牺牲,若不是大智大勇、见义忘利的人,很难做到这一步。然而,改变自己是最简单最有效的办法,舍此不图,徒见其越应付,环境越恶劣,难关越多,终于无法应付而后已。所以,只有正面看待诸多不利的外在环境,你才能积聚力量战胜它们,才能取得成功的硕果。

3. 败中求胜

"失败"这个普通的不能再普通的词,总是与成功相生相伴。有人说"失败乃成功之母",也有人称"失败教会成功"。当然,这里不是劝人接受失败,而是教人如何成功,教人如何败中求胜。

事实上,弱中求胜也可以说是败中求胜的一种形式。在一处旷野上,一群狼突然向一群驯鹿冲去,引起驯鹿群的恐慌,导致驯鹿纷纷逃窜。这时狼群中一条凶猛的狼冲到鹿群中,抓破一头驯鹿的

腿。或许是因为狼群发现这头驯鹿的某些特点易于攻击，所以才会选中它吧。不过，让人想像不到的是，随后这头驯鹿又被放回归队了。

在之后的时间里，狼群在耐心地等待机会，它们定期更换角色，由不同的狼去攻击那只受伤的驯鹿，使那头可怜的驯鹿旧伤未愈又添新伤。最后，当这头驯鹿已极为虚弱，再也不会对狼群构成严重的威胁时，狼群开始全体出击并最终捕获受伤的驯鹿。实际上，此时的狼也已经饥肠辘辘，甚至于几乎饿死。

那么我们不禁疑惑：为什么狼群不直接进攻那头驯鹿呢？这是因为狼群非常清楚，像驯鹿这类体型较大的动物，如果踢得准，一蹄子就能把比它小得多的狼踢倒在地，非死即伤。要知道，狼群适时放弃眼前的小利，为的是谋求更长远的胜利，为的是弱中取胜。

败中求胜是一种境界，一种智慧。古今中外，常胜将军是没有的，而善于败中求胜的将领，倒是常见。如果你读过《陈毅传》一书，那么你一定会深深感到陈老总就是一位善于败中求胜的帅才。他在数十年的戎马生涯中，曾多次经受挫折与失败的考验，每次都能逆境振奋，力挽狂澜，走向胜利。

人生路上，谁都难免会遇到这样或那样的挫折或困难，包括犯错误，走弯路，这并不可怕，要紧的是如何正确对待，能否败中求胜。身处逆境，要正视现实，树立战胜挫折与失败的信心。陈毅能够冷静地面对困难与挫折，勇于承认失败，从不抱怨部属和同事，也从不推卸自己的责任，而是认真吸取教训，防止犯同样的错误，这是他能够败中求胜的根本原因。一位哲人说过："当灾难像子弹一样呼啸而来，最先被击中的不是躯体，而是灵魂。"因此，应该努力铸就不屈的灵魂和钢铁的意志，培养勇于面对现实、敢于败中求胜的优良品质。

世界上真正杰出伟大的人从不替自己的错误找借口，他们更多的是接受那些不可避免的事实。面对错误和失败，抛弃所有的借口，寻找解决问题的办法，是他们的共同特点。他们大都会及时采取措施改正错误，从头再来，接受错误，让自己保持一种平和的心态，过一种无忧无虑的生活。否则，他们早就被巨大的压力压垮了。

不过在这个世界上，毕竟伟人只占很少部分，一般人的做法往往正好相反，他们拒绝承认自己的失误，拒绝接受不可避免的事实，并想去反抗它，他们尤其不肯割舍过去的成功。结果往往适得其反，本来可以及时纠正的错误酿成了无可挽回的败局。许多人把事情搞砸了、做错了、失败了，不是去反省自己的过失，查找失败的原因，而是津津乐道于"失败是成功之母"，为自己的失败找理由、找借口，甚至粉饰太平，忽略失败。实际上，这是在推卸责任，是一种极不诚实，极不负责的态度，不仅错误得不到更正，还会遗害无穷，造成同一个错误再度发生，或引发全局性的大败局。

因不愿正视错误而导致失败的例子有很多，如前巨人集团在1993年犯下了战略性错误，到1994年就已经造成了无可挽回的败局，但是史玉柱一直没能正确地认识到自己的错误，更不肯承认和正视错误，从而一直在错误的方向上作徒劳的努力——试图通过融资、贷款将巨人大厦盖起来以救活原有的电脑、医药、房地产三大产业，结果越努力陷得越深，最后导致全军覆没，还倒欠3个亿的债务，此时已经是1997年了。从1994年延误至1997年，造成更大的损失且不说，还白白浪费了3年宝贵的时间。后来史玉柱正视失败，从头再来，从零开始，另起炉灶，在短短的三年里就创造了年销售10亿元的脑白金奇迹，远远超过了昔日的辉煌。试想，如果他没有损失那3年时间，是不是能够再创造一个脑白金奇迹和30亿商机呢？

失败者不像成功者，他们没有鲜花，没有掌声，没有荣誉，没有辉煌。但从另一种角度来说，成功者有成功者的喜悦，失败者有失败者的收获；成功有成功的意义，失败有失败的价值。成功若是

一首雄壮磅礴的交响乐，那失败便是一支自勉自励的小夜曲。

失败的这首小夜曲，是一首催人振作，促人前进的歌；是一首难谱难唱然而动听的歌，只有用不懈的努力，凭着顽强的毅力把它唱完，才能体会到它的美妙；失败是一首歌，它为失败者而唱，唱出失败者的收获，唱出失败者的勇气！

败中求胜，必须有坚强的信念和精神支柱。人一旦有了精神支柱和奋斗目标，眼界就会宽阔，就会胜不骄败不馁，特别是在失败时不为浮云遮望眼，不仅看到短处、失误和挫折，更能看到长处、优势和胜利的前景，善于用乐观主义精神化暂时失败的痛苦为败中求胜的动力，及时调整情绪，重振夺取胜利的热情和信心。

当一个人、一个企业表现出傲慢时，正是失败的征兆。为了避免失败，在成功之后要时刻保持艰苦奋斗的作风、谦虚谨慎的态度，如履薄冰，慎之又慎。但永远不失败是不可能的。一旦面临失败，最重要的是要有坦诚面对失败的勇气，败中求胜的战略。

迈克·戴尔是戴尔公司的创始人，他自认为最感自豪的事，就是公司的全体员工敢于正面迎接任何问题，敢于用斩钉截铁的态度去面对所有错误，而不是否认问题的存在，也不找任何借口搪塞。

在戴尔公司所有员工口中有这样一句口头禅："不要粉饰太平"，也就是说："不要试图把不好的事情加以美化。"如果做错了，问题迟早会暴露出来，不如直接面对各种错误，想办法尽早解决，以防事态进一步扩展。

面对既成事实，只有当你正视失败，不再对所犯错误做徒劳的掩饰或寻找借口进行搪塞之后，才能省下精力，去做正确的事情，去开创新的生活和事业，正确的事情、新的事业机会和生活方式才会进入你的视野。你不可能既抗拒不可避免的事实，又去创造新的生活或事业。如果你不接受不可避免的挫败，而是去反抗它们的话，你就会产生一连串的焦虑、矛盾、痛苦、急躁、紧张等等，使你陷入痛苦的深渊而不能自拔，成功也就离你越来越远了，从失败中翻身就更加成为不可能。

有些人知道其中的利害关系，所以他们常不会犯那样的错误。海尔公司今日的成就，与管理者正视错误的态度是分不开的。海尔员工对产品质量的重视，始于当年砸掉 70 多台劣质冰箱之时。在海尔发展初期，许多员工对产品质量并不重视，生产的冰箱常会出现很多问题，或是门不合缝，或是边角未成 90°，或某一个螺钉松动……面对一台台有问题的冰箱，张瑞敏不是包容和掩盖错误，任其流入市场，收取短期利益，而是清醒地认识到劣质产品卖给消费者，就等于自毁形象，自己把自己送进地狱，必须在全体员工中倡导"质量第一"的理念，并让他们深刻体悟"质量是企业的生命"的真实含义。

他采取的做法是，让生产劣质冰箱的员工抡起大锤砸自己生产的冰箱，让他们在大锤砸向冰箱的瞬间，经受一次次良心的谴责，让全体员工亲眼目睹这一令人震撼的场景，让大家在一声声沉闷的撞击声中，体悟"心痛"的感觉，使全体员工受到了一次极为特别的质量洗礼，并在满地狼藉的破损冰箱中反思自己的过失，在警醒中端正对质量的看法，从而自觉地树立起"质量第一"的观念，并在工作中认真履行这一思想。至此，海尔才有了质量过硬和广受用户信赖的产品，也为其走上国际化道路奠定了基础。

不管遭遇任何危险，切勿心生怯意，意图逃脱，应鼓起勇气面对现实。如此才会常有扭转乾坤、转危为安的情形出现。

事实上，承认错误，正视失败并不容易。但是又必须正视失败，因为只有这样才能败中求胜。错误是这个世界的一部分，我们可以尽量避免犯错误，尽量避免犯大错误尤其是战略性的大错误，但是，永远不犯错误的人是不存在的。犯错误是人类与生俱来的弱点，与错误共生是人类不得不接受的命运。

既然错误不可能完全避免，那么，对待错误最好的办法是：尽早发现错误，并及时采取措施停止损失。当错误发生，坏消息传出

时，人的本能会畏缩逃避，盼望奇迹出现，然而奇迹不会从天而降，而我们浪费在否认事实、掩盖真相上的时间，通常是解决问题最重要、最佳的时机。要想在错误不可避免地到来之时尽早发现错误，并及时采取措施以停止损失，首先必须有承认错误的勇气，坦诚面对和正视错误。错误或失败一旦成为事实，最重要的是正视。不能正视错误和失败，会使错误越来越大，失去改正错误、挽救失败的时机，在错误的道路上越走越远，导致无可挽回的败局。

世界上的事情不会总是一帆风顺，其过程中常有预料不到的困难、挫折必须克服，其中有许多艰辛、问题要去面对。

世人皆向往成功，然而，在通往成功的道路上往往暗藏着失败。有的人因失败而沉沦，因为他们回避失败；有的人因失败而奋进，因为他们正视失败。

亨利·福特是世界第二大汽车公司——福特汽车公司的创始人，他曾经两次创办汽车厂，虽然苦打苦拼，但后来还是维持不下去，工厂悲壮地倒闭了，福特损失惨重，但他雄心依旧，第三次办起了汽车厂。这一次，他吸取了前两次的教训，找出失败的原因，终于成功了。

试想，假如福特当年失败两次后放弃努力的话，结果肯定不一样。所以，如果经历失败，你会怎样对待？当然，沮丧是人之常情。但是你要尽快从失望中站起来，千万不能一蹶不振，一定要正视失败，屡遭失败仍然继续努力，直到反败为胜。

漫长的人生之路中，常会遇到各种各样的失败经历。如高考落榜时，应聘失败时，股票狂跌时，公司倒闭时……但请你正视失败。失败并不意味着你是失败者，它只表明你尚未成功；失败并不意味着你比别人差，它只表明你还有缺点；失败并不意味着你不能成功，它表明你该改变一下方向；失败并不意味着你一事无成，它表明你积累了经验；失败并不意味着你必须放弃，它表明你还要继续努力；失败并不意味着命运对你的不公，它表明命运还有更好的给予。失败是沉甸甸的麦穗，等待着成功来收获。

不同的人在面对失败时会有不同的表现。面对失败，逃避者只能被淘汰，恐惧者只能更懦弱；只有正视者，才能获得最后的成功！才能在失败之中重见成功的曙光。

4.心灵的平静胜过黄金

在我们生活中，多尝试以不同的角度来正面思考及多找机会去帮助他人，别再在不知不觉中一味自私地为自己活着了……善终有善报，不是迷信，而是哲理，同时这也是在寻求一种心灵上的平静。

有这样一个引人深思的小故事，说的是：一对恋人乘坐一辆巴士进入山区。只有他们在中途下车。他们下车后，巴士继续往前驶。巴士继续行驶途中，一块大石从高处坠下并将巴士压得粉碎。所有乘客无一生还。

看到这件事时，那对恋人说："如果我们没有中途下车就好了！"

同样的事情如果让更多的人来说，恐怕大多数都会说："还好我们刚好下车了！"但他们却说了不同于一般人的话，为什么他们会这样说呢？因为他们认为，如果他们都留在车上没有下车，那辆巴士将会因他们没有下车而赶在大石坠下前驶过出事地点！

心灵的平静是智慧美丽的珍宝，它来自于长期耐心的自我控

制。具备心灵的安宁意味着一种成熟的经历，以及对于积极思考法则与运转的一种不同寻常的了解。

一个人能够保持镇静的程度与他对自己的了解息息相关。人是一种思想不断发展变化的生物，了解自己首先必须通过思考了解他人。当他对人对己有了正确的理解，并越来越清晰地看到事物内部存在的相互间的因果关系，他就会停止大惊小怪、勃然大怒、忐忑不安或是悲伤忧愁，他会永远保持处变不惊、泰然自若的态度。

一个女孩儿遗失了一支心爱的手表，一直闷闷不乐，茶不思、饭不想，甚至因此而生病了。

神父来探病时问她："如果有一天你不小心掉了十万块钱，你会不会再大意遗失另外二十万呢！"

女孩儿回答："当然不会。"

神父又说："那你为何要让自己在掉了一支手表之后，又丢掉了两个礼拜的快乐！甚至还陪上了两个礼拜的健康呢！"

女孩儿如大梦初醒般地跳下床，说："对！我拒绝再损失下去，从现在开始我要想办法，再赚回一支手表。"

正面看待许多事情往往可以使我们获得心灵的平静，安静平稳和智慧一样宝贵，其价值胜过黄金——是的，比足赤真金还要昂贵。与平静的生活相比，追逐名利的生活是多么地不值一提。宁静的生活是生命在真理的海洋中，在急流波涛之下，不受风暴的侵扰，在永恒的安宁中。

人生本来就是有输有赢，更是有挑战性的，输了又何妨。只要真真切切地为自己而活，这才叫做真正的生命。

关于平静，其实并非只是我们想像中的安静平和的场景，有一副画很好地诠释了平静的含义。我们不妨先来看看这幅画的来源：一位大学美院的老师突发奇想，叫几个班的学生都创作一幅描绘"平静"的画。一百个学生冥思苦想的创作之后，都交来了一幅幅安详优美的画稿。有乡村风景图：牛羊在碧绿的田野上吃草，鸟儿在蔚蓝的天空中飞翔，安静的小山村掩映在远山的安详和谐中。也有的画了美丽母亲的肖像，呼之欲出的母亲怀抱着熟睡的婴儿，脸上露出了慈爱的微笑，好像在哼唱平静慈祥的歌！真的是很平静很美的画了，有的画已接近了大师的水平了。可是老师看着这一幅幅画一直面无表情，没有赞赏之意。突然美术老师眼睛停止了眨动，屏住了呼吸。盯住了眼前铺开的一幅画上，表情惊喜，说道：嗯！找到了！这幅画才是真正的平静之画。那么，到底是怎样一幅画能让美术老师如此惊喜呢？画面是这样的：漆黑的波澜起伏的大海上，狂风漫卷着沉重的乌云，礁石在海浪的巨掌中呻吟着，天是那么的低，低得仿佛令人透不过气来；海边的小屋里，火炉中正洋溢着温暖的红，渔夫嘴里含着一管烟斗，微眯着双目，注视着炉火的光芒，一只小猫趴在他的脚边，年轻的妻子，低着头精心织补着渔网，炉火的微光如画笔般，把她的美好悄悄地勾画了出来。

正如这幅画所表现的那样，其实平静并不意味着呆在一个没有动乱，没有烦扰，没有困苦的地方。平静意味着虽置身雷霆闪电之下，仍能保持心灵的安宁平静。但很多的人穷其一生来追求平静，却也不可得。从另一个角度来讲，无论是遇到任何挫折，任何不幸的事情，只要凡事从正面思考，那么你就寻找到了心灵的平静，这真的比黄金更贵重。

其实，心灵的平静很多时候也表现在平常心态上。所谓平常心态就是平静地接受一切事实的心态，它可能是好的也可能是坏的。平常心不仅仅是对待荣誉和幸运的心态，它也是对待挫折和失败应有的心态。无论是这两种中的任何一种，都是人生的大智慧。

美国伟大的生物学家摩尔根出生在美国肯塔基州。1933 年，摩尔根由于在遗传学上做出的杰出成就而荣获了诺贝尔生理学及医学奖。他经纽约去瑞典领取诺贝尔奖，晚上在纽约的朋友家住一夜，当朋友开门迎接大名鼎鼎的现代遗传学之父时，见他穿着一件旧大衣，而且还不甚合身，朋友惊讶了半天才说话："你这样去领

奖吗?"这反而把大科学家自己搞糊涂了,他打量了一下全身说:
"这还不够吗?"他孤身一人,大衣一侧的口袋里用报纸裹着袜子,
另一口袋里用报纸包着梳子、剃须刀和牙刷,那情景就像做生意亏
了本要向朋友借钱,但是他并不在意这些。英国生物化学家一生两
次获诺贝尔奖的桑格在 40 岁第一次获奖时,连教授的头衔都没混
上,在人才辈出的剑桥大学甚至没几个人知道他的名字。随之一连
串的头衔、社交活动让他无所适从,他向校方提出拒绝这些不习惯
的东西,学校当局研究之后最终把他的教学任务也免了,让他专心
研究。正是因为他能正视现状,正确地审视自己,为自己创造平静
的心灵环境,所以若干年以后他能够再次荣登诺奖宝座。

持平常心态的人知道如何控制自己,在与他人相处时能够适应
他人,而别人反过来也尊重他的精神力量,并且会以他为楷模,依
靠他的力量。一个人越是处变不惊,他的成就、影响力和号召力就
越是巨大。在成功人士看来,不管是什么境遇,都只不过是事实。
如果你的心态也跟着失衡,那就不再是事实,而是黑暗的深渊。

不只是成功人士如此,即使是普通的商人,如果能够提高自我
控制和保持沉着的能力,那他会发现自己的生意蒸蒸日上,因为人
们一般更愿意和一个沉着冷静的人做生意。

现实中的经验会告诉你,坚强、冷静的人总是受到人们的爱戴
和尊敬。他像是烈日下一棵浓荫茂盛的树,或是暴风雨中抵挡风雨
的岩石。正如有人所说:"谁会不爱一个安静的心灵,一个温柔敦
厚、不温不火的生命?"

世上有很多事情都很奇怪,无论是狂风暴雨还是艳阳高照,无
论是沧海巨变还是命运逆转,对于那些倘徉在平静的心灵之海中的
人们来说,都能泰然处之。这样的人永远都安静、沉着、待人友
善。我们所赞美的"静稳"的可爱的性格是人生修养的一课,是生
命盛开的鲜花,是灵魂成熟的果实。

生活中你会发现周围有许多这样的人,他们因为火爆的性格

使自己的生活变得一团糟，他们毁灭了一切真与美的事物，同时也葬送了自己平稳安静的性格，并将坏影响传播四方。大多数人都因缺少自我控制而破坏了自己的生活，损害了原有的幸福。在生活中，我们碰到的真正能够沉着冷静，保持一份平稳安宁的人真是寥若晨星。

想要得到心灵的平静其实也很简单，如果能丢开杂念，就能在喧闹的处境中体会到内心的宁静。

有一位小和尚，每次坐禅都幻觉有一只大蜘蛛在他眼前织网，无论怎么也赶不走，师父就让他坐禅时拿一支笔，等蜘蛛来了在它身上画个记号，看它来自何方。小和尚照办了，在蜘蛛身上画了个圆圈，蜘蛛走后，它安然入定了。

当小和尚做完功一看，那个圆圈就在他自己的肚子上。

为什么会这样呢？这位小和尚坐禅时老觉得有一只蜘蛛跟他捣蛋，是因为心不静。佛家说心地不空，不空所以不灵。哲人说，许多困扰和烦躁往往来自于自己。

如果你的内心不受复杂的外界干扰，让它平静下来，你就可以得到你想要的一切。反之，你则什么都得不到。淡泊明志、宁静致远。拥有一颗宁静的心，才能从容面对人生。

处于复杂的社会之中，人性常因毫无节制的狂热而骚动不安，因不加控制的悲伤而浮沉波动，因焦虑和怀疑而饱受摧残。只有明智的人，能够控制和引导自己思想的人，才能够控制心灵所经历的风风雨雨。

然而，人性又都是向往平静的。经历了暴风骤雨的人们，无论其身处何方，无论身处何境，他们都知道——在生活的海洋中，幸福的岛屿在微笑挥手，理想的充满阳光的彼岸在等待着他们的到来。

这就要求你控制自己的思想，摆正自己的思考方式，将你们的手牢牢地放在思想之舵上，要你们灵魂深处有一个发号施令的主人，它可能在沉睡，唤醒它吧！

自我控制是力量，正确的思考是优势，冷静是权力。将心情调适到最佳状态，默默地对心说："平和，安静!"

5.挑战心理上的弱点

人人都有弱点，而这些弱点大都体现在心理上。不能成大事者总是固守自己的弱点，一生都不会发生重大转变；能成大事者总是善于从自己的弱点上开刀，去把自己变成一个能力超强的人。一个连自己的缺陷都不能纠正的人，只能是失败者!

当遇到严峻形势时，人们习惯于小心谨慎地保全自己。但结果常常会以失败而告终。原因是他们不是考虑怎样发挥自己的潜力，而是把注意力集中在怎样才能缩小自己的损失上。

观察我们的周围，你会发现，大部分人害怕改变，不敢向自己的弱点挑战。他们甚至将"改变"与"破坏"之间画上等号。虽然是旧的不去，新的不来，但放弃熟悉的旧事物，去适应未知的新事物，的确相当不易。尤其是几乎所有的改变都旷日持久，并且需要不断尝试，这更容易让人陷于一成不变、固步自封的窠臼。

对于"改变"，不同的人会有不同的反应。那么一般人对"改变"的反应如何？对于那些正处于人生转折点，并从新方向获益良多的人们来说，毫无疑问，他们喜欢改变。也有一些人因为拒绝任何改变，而将生命停滞在现阶段。但是，虽然大多数人都不愿意改变，不敢向自己的弱点挑战，但是在别无选择的情况下，却又不得不做些改变。因为如果再不求新、求变，就会被时代淘汰了！还是来学习一下小 A 的做法吧！

小 A 是我国某高校毕业生，因为家人的缘故，当年他在大学毕业时就打算直接移民到美国定居，虽然学校还没有申请妥当，但是自认英文还可以、托福成绩不差的他，就这样背着行囊出发到美国投靠其姐姐。到了美国的第一件事就是翻报纸，从《纽约时报》求职栏开始求职找工作。只是令他想不到的是，密密麻麻的小广告，一路看下来竟然没有适合自己的工作。

遇到这样的情况是他始料不及的，回想不久前，他还自信满满，以为自己好歹也是堂堂大学毕业生，找工作何难之有？让他去应征餐馆端盘子是根本不可能的，他认为自己起码要找个坐办公室的差事！但是就算在种族歧视不严重的华人社区，他也面临工作要考执照的困境，像是地产执照、会计执照之类的。传播出身的小 A 因为不懂财经，这方面的工作完全做不来；另一方面刚到美国，连电视台有几家都搞不清楚，更不可能有机会应征到电视台工作。好不容易看到一个类似公关广告的工作，打电话去一问，才发现原来要做业务行销，虽然对方表示可以试试看，但是他心想在纽约人生地不熟，既没有人脉又没有经验，实在跨不过这个门槛，最后只好作罢。这时他才突然惊觉到"踏上异国土地的生活，并没有想像中容易"。

不过，还好他没有被眼前的情况所打倒，表面上，他还是故作潇洒地每天四处闲逛，其实内心苦闷、恐惧交杂，担心自己待不下去。但是尽管工作没着落，他也没让自己闲着，每天认真看美国的报纸，一方面磨练英文，另一方面也可以借机会更多地了解纽约这个城市，甚至连过期的杂志都不放过。他相信"恐惧是来自于无知"，因为不了解这个国家、这个城市，还有这里的人，所以心里会有所恐惧，所以他让自己像海绵一样努力吸收信息，试着打入当地的生活

圈，就连在家看电视也是全神贯注，有时候还边看边做笔记。

慢慢地，他的思绪开始沉淀下来，于是他将心态做了些调整，首先降低求职的标准，只希望能有个稳定收入的工作就行了，同时心情也放松了。说也奇怪，人一旦放松，想开一点，心情和视野自然开阔，机会就来了。就这样，小 A 经过几个月边玩边找工作的充实生活，他也逐渐建立对未来的自信，一份华人社区电台广播的工作，正式开启了他的媒体生涯。

假如小 A 是一个意志力极为薄弱的人，那么在遇到那些意想不到的困境时，他所选择的一定是消极退缩，而不是像他后来所走之路。关于意志力，瑞士的年轻教授彼得·里威奇将其分为两种：一是抱有某种目的进行工作的外向型意志，又称作业意志；二是针对外来干涉，坚持自己立场的内向型意志。意志薄弱类型是指这两种意志表现都不充分的情况。

我们可以看出，意志薄弱类型的性格特色大多表现为被动、受他人左右。换句话说，就是没有特色、没有创造性的极其平凡之人。外观看上去好像很富于协调、很具有适应能力，实际上则是没有追求甚至一生懒惰，绝大多数人抱有能怎么样就怎么样的态度，不愿做任何抗争。

一位哲人曾说；人最难战胜的是自己。很多时候，一个人成功的关键就在于敢不敢向自己的弱点挑战。小 A 正是敢于向自己挑战，向自己的弱点挑战，最终才走向成功之路的。

当然，在我们向自己的弱点进行挑战，想要去改变自己的时候，常会遇到一些阻力。这时我们就要注意了，一定要注意坚定自己的理想。

能否坚定自己的理想对于想要改变自己的我们来说是很重要的，因为我们总会遇到一些所谓饱经风霜的老前辈，他们似乎"什么世面都见过"，因此总对我们讲一些这不可做那不可做的理由。你有了一个好想法，一句话还没说完，他们的冷水就向你的激情迸来。这种人总能记起过去某时曾有某个人也产生过类似的想法，结果惨遭失败，他们总是极力劝你不要浪费时间和精力，以免自寻烦恼。

事实上，我们谁也不知道别人的能力限度到底有多大，尤其是在怀有激情和理想，并且能够在困难面前不屈不挠时，他们的能力限度就更难预料了。人，不能看自己能做什么才做什么，能不能在于有没有发现，实际上没有做之前，谁都不知道自己能还是不能，能和不能只是一种习惯和对熟悉事务的一种依赖，或者说对未知领域的一种畏惧，害怕挑战自己，实际上也就是一种猜测，结果不是猜出来，而是做出来的。

所以我们要不断地挑战自己的心理弱点。实际上，很多事情你做了之后会发现并没有你当初想像的那么难。人不能只做自己能做的，不断地挑战自己的性格弱点，你会发现，在此过程中你会收获很多。正如芭芭拉·格罗根所指出的那样："无论做什么事情，开始时，最为重要的是不要让那些总爱唱反调的人破坏了你的理想。这世界上唱反调的人真是太多了，他们随时随地都可能会列举出千条理由，说你的理想不可能实现。你一定要坚定立场，相信自己的能力，努力实现自己的理想。"

要克服心理上的弱点，有很多方式。在挑战原本认为不可能的事情时，可以采取循序渐进的方法。杰克担任滑雪教练时，带领一群新手到陡坡上教他们滑雪，为了帮助这些学员克服畏难情绪，杰克反复告诉他们不要把整个滑雪过程看成是从山顶到山下，而应将其分解开来，先想着怎样滑到第一个拐弯处，再想着怎样滑到下一个拐弯处。

这样做转移了学员们的注意力，他们纷纷把注意力转移到目前自己能够做到的事情上。转了几道弯之后，他们的信心便增强了。

这个方法对我们克服心理弱点同样有帮助，刚开始做一件事时，不要把注意力放在你所面临的全盘事务上，要先了解一下第一

步该怎样走，而且要确保这第一步能顺利完成。这样一步一步地走下去，我们就能走到自己所期望到达的目的地。

没有独立追求的人，只有依靠他人才能生存下去。从深刻意义上说，意志薄弱或缺乏欲望的人生是没有意义、虚伪的人生；从人生意义上讲，是一种虽然活着但实际上已经死亡的人生。

心理弱点实际上就是一个稍显良性的心理阴影，就像是一个缠绕着我们的恶魔，所以一定要走出自己的心理影子，战胜这个恶魔，不然我们就会一直被这个恶魔缠绕着。

挑战自己的心理弱点，变被动为主动，变自卑为自信，将不能做成我能，给自己一个机会。要学会适应变化，做一个有准备的人，给自己一个机会。因此，在遇到让你紧张的情况时，要把注意力集中在你所希望发生的事情上。

当然，我们必须要正视一个情况，那就是挑战心理弱点，尤其是自身的弱点并不是件容易的事情，所以一定要寻找到适合自己的方法。大多数成功者都是那种具有独到见解的人，他们的思想不受传统思维的束缚。他们并不是刻意改良旧的传统做法，而是努力开创新思路，探寻新做法。他们心中有一个十分重要的秘诀，那就是，革命不需要天才，它只需要对传统的做事方式提出质疑。

另外，还要有一种能力——从自己的失误中吸取教训的能力。无论你准备得多么充分，有一件事总是难免的：当你从事某项新事物时，失误便会伴随而来。无论是作家、销售人员，还是运动员，只要他不断向自己提出挑战，就难免会出现失误。

无论选择做任何事情，都有两种可能性，那就是成功、失败。挑战心理弱点也是如此。事实上，无论我们选择试还是不试，时间总会过去。不试，什么也没有；试，虽然有风险，但总比空虚度过更有实际意义。这里有一个能让我们鼓起勇气一试的思维方式，即：可能发生的最坏的事情是什么？

有一个人就是从这种思维方式开始，走向成功的。柯德特在纽约市一家公司里有一个舒适的职位，但是他想当自己的老板，到新罕布什尔经营自己的小生意。他问自己：如果失败了，最坏的事是什么呢？他想到了倾家荡产。然后他继续问自己同样的问题：倾家荡产后最坏的事情是什么？答案是他不得不干任何他能做的工作。之后，最坏的事情可能是他又厌恶这种工作，因为他不喜欢受雇于别人。最终，他会再找一条路子去经营自己的生意。而这一次，因为有了上一次失败的教训，他懂得了如何避免失败，他就会成功。这样想过之后，他采取了行动，去经营自己的生意，并真的获得了成功。

从柯德特的故事中，我们可以看得出来，勇于冒险求胜，你就能比你想像的做得更多更好。在勇于冒风险的过程中，你就能使自己的平淡生活变成激动人心的探险经历，这种经历会不断地向你提出挑战，不断地激励你，也不断地使你恢复活力。

说了这么多关于心理弱点的问题，不禁有人会问，人到底都有哪些心理弱点呢？大体来说，人类主要有以下几大心理弱点：

疑心病。凡有疑心病的人，总是虚构一些因果关系去解释别人为什么会有这样的举止言谈。如有位妇女见到别人小声交谈，就认为是在议论她。这也可以说是心胸狭窄并有抑郁倾向，拥有这种性格色彩者总是觉得别人在注意自己、蔑视自己，而内心恐惧不安，逐渐变得孤芳自赏。形成这种态度的根本原因是自身理论的失败以及内心的不充实，由于自身的特殊敏感性格，当把自我赏识现象与来自于他人的评价进行比较时，就会产生关系妄想或向妄想发展的倾向。如果这种意识严重的话，那么面对周围真挚的肯定或自然的表现，难以很好地接受，因而行为上总缺乏道理，也缺少对人的感情。

争公平。企求绝对公平的结果，总是抱怨世界的不公平，嫉恨比自己强的人。每个人都希望凡事讲求公平，但后来，你会渐渐发觉，凡事公平就像世界和平一样难以实现。我们都希望、渴

望社会的公平和公正，但这只是一个理想，每时每刻，我们都有可能不公平地对待他人，也有可能受到他人的不公平的对待，这是社会现实。

还有一些心理弱点，如应该论，许多人的情绪被"应该论"所操纵；依赖癖，有的人依赖异性，一旦离开，便无法支撑起自己的情感生活；寻赞许，许多人把获得他人的赞许作为自己的一种强大的支配力量，其实质是："不相信自己"；至善狂，要求自己或别人的所作所为一定要十全十美，到头来，却使自己或别人变得无法接受；自封心，具有自封心的人，总是借口秉性难易，不愿再改变自己，发展自己，事实上这是害怕约束自己，企求原谅自己；等等。挑战自己的弱点，体现了一种境界，一种精神，一种气魄。在进行挑战的时候，最好不要说"不要"，因为"不要"是一种消极的目标，它会使你不想怎样却偏要怎样，因为你的大脑里会产生一些不好的图像，并对其做出相应的反应。

斯坦福大学所做的一项研究表明，大脑里的某一图像会像实际情况那样刺激人的神经系统。举例来说，当一个高尔夫球手在告诫自己"不要把球打进水里"时，他的大脑里往往会浮现出"球掉进水里"的情景，所以，谁都不难猜出球会落到何处。

挑战弱点需要我们有良好的素质、坚强的毅力和超凡的勇气。十个指头有长短，谁都无法完美无缺。如果我们放任甚至纵容自己的弱点，不努力控制甚至改变这种不利的情况，那么留给我们的，就只有"失败"二字。相反，只要我们坦然面对自己的缺陷，勇敢地面对挑战，不断完善自我，就能够扬长避短，拥有成功、快乐的人生。

6.正面思考令生活充满幸福愉悦

所谓的正面思考，其实可以解释为：你总能看到事物矛盾的双方中有利于你的那一面，也就是对任何事物都是抱以积极心态。从心理学实证方面，有人经过研究指出，当人们遇到挫折时，高达九成以上的人会选择五种反应：攻击、退化、压抑、固执与退却，而正面思考者的比率低于 1%。

《哈佛商业评论》指出，对于负面思考的人，"越来越多的实证显示，不论是儿童、集中营的幸存者，或是东山再起的公司，正面思考的复原力是可以学习的。"

有人说，心态不好的人，心情也不会好。福祸无门，惟心自遭。

举例来讲，一个骑车上班的人，在路上遇到了打架的人，挡住了他的去路，他在心里暗自骂："今天这么倒霉，遇到打架的了，还不走。"他把车子抬起来，走过去，刚走到路口，又遇到了红灯。他心里暗自骂道："太倒霉了，怎么遇到了红灯？"他骑车到单位，心情一直不好，你说他这一天心情能好吗？

一个开汽车的人，走在路上，也遇到堵车了，于是他开车按动喇叭，可是其他车还是不动，因为人流太多，于是他想，骑单车多好啊！

开汽车的人羡慕骑车的人，而骑车的人羡慕开车的人。之所以

会造成诸多的烦恼，都是由于心态造成的。

凡事正面思考，以积极心态待之，你就会赢得幸福。林肯认为，如果一个人决心获得某种幸福，你就能得到这种幸福；人与人之间原本只有微小的差别，但这种微小的差别却往往造成了巨大的差异，造成这种差异的正是你的心态；如果你去寻找幸福，你会发现客观存在回避于你，但如果你努力把幸福送给别人，幸福就会来到你的身边；两个性格相同的人要想和谐地生活在一起，至少其中有一个人必须拥有积极的心态。

凡事采取正面的思考模式，无形中产生的动力，将源源不绝。乐观的人，是从挫折中"发现希望"。"命好不如习惯好！""喜悦、乐观、正面思考"，也是一种习惯，它使我们避免自艾自怨、悲观自叹！

现实生活中，你是否发现有些人常常沮丧，总是充满忧烦、羡慕和嫉妒？而有一些人总是神采奕奕，他们常带笑容、时时给人鼓励的话语，同时他们似乎总能应付生活的挑战，而不会滑入沮丧的深渊。如果让你选择，你会比较喜欢和哪种人在一起？无论是哪一种，相信下面两种一定不会讨你喜欢。

第一位是个很厉害的主妇。有一位忠厚老实的丈夫，每个月领薪水，总是原封不动地交给太太；而他太太，每个月只给他几百元零用钱。一天下班回家时，丈夫兴奋地告诉太太："老婆！我中了五万元奖耶！"这时，太太冷冷地问道："中奖？你说，你买奖券的钱，是从哪里来的？"

下面这位是一个官架子极大的官员，他天天高高在上，经常要属下伺候，准备最好的东西给他吃！而部属为了保住饭碗，也都是敢怒不敢言。

有一天，女仆精心用鹿肉炖煮成一道美味的佳肴，也煮了最上等的鱼翅羹汤，送给这大官吃。

大官吃得津津有味，边吃边点头，"嗯，真是'天下美味'！"

当时，每个人都以为这大官会大大地夸赞这忠心的女仆，没想到，这大官把女仆叫到面前来，大声骂道："你这个混蛋，这么好吃的东西，你居然到现在才送来给我吃，你是不是不想干了!"

试问，上面的主妇及那位大官，他们怎么可能会感到生活幸福、快乐？如他们一样，生活中有些人，凡事都习惯性地做"负面思考"，从负面角度来衡量和评价，以至所说出口的，都是一些"难听"和"刺伤他人"的话。也正因为这些人不懂得"称赞别人""欣赏他人的优点"，只是专挑别人毛病、语出批评，所以也使自己心中没有"喜悦之情"。

无论是正面思考还是负面思考，都源自于我们的潜意识及意识。我们生来具有潜意识和意识。意识主导我们的思考及抉择；而潜意识支配我们的身体活动及感觉，它就像我们的记忆库般地活动着，也是我们创造力的来源。潜意识像电脑一般，记录下我们生活中的每一秒。如果我们存进一些不愉快的想法及意见，比如忧虑、恐惧、羡慕，那么当我们按下钮，输出来的就是一份负面的人格报表。但如果我们源源不绝地输入一些对个人、对未来、对周围一切的正面想法，那么出来的自我图像也将是正面的。假如，我们能多学习"正面思考"，用比较"乐观"的角度来看待事情，心情一定愉悦、更快乐。

一位老婆婆有两个儿子，大儿子靠打鱼为生，小儿子则是卖雨伞的小贩。这可让老婆婆伤坏了脑筋，因为，只要天下雨，她就为大儿子不能出海工作而担心；等到出太阳了，她又担心小儿子的伞卖不出去，无法生活。所以不管下雨或是出太阳，她每天都愁眉苦脸，人们看她整日愁眉苦脸的样子，就称她为"苦脸婆婆"。

有一天，有个高僧刚好经过老婆婆的家门，老婆婆自己也不想这样每天担心地过下去，于是她就跑去请教这位高僧要如何是好。这位高僧听了老婆婆的问题后笑着说："问题就出在你自己的身上，你为什么不这样想呢？每当出太阳的时候，你就想，太棒了，

大儿子一定满载而归；天空下雨时，那更好，小儿子的伞铁定卖得很好。"

老婆婆听了这位高僧的话，果然改变她自己的想法，每天都眉开眼笑。"苦脸婆婆"就变成了"笑脸婆婆"。

人的一生惟有保持积极的心态，凡事往正面思考，才能激发自己的行动力量，并带给他人正面的帮助，让他们感染这种气氛，创造更好的表现与成绩。

但事实上，生活中有很多人从未拥有正面思考所必备的最起码的自我尊重。他们努力正面思考，却不解何以他们的感觉比原来更坏。这是因为在他们正面思考的表象下，深层的潜意识里却是一个顽固的信息——"你毫无价值，你不值得让好事情在你身上出现。"当然，这信息是不正确的。每个人都有权快乐，而且每个人都有可以贡献之处。一旦发现自己心中潜藏着负面的信息，你就得致力改变对自己的感觉，给自己正面的信息，才有成功的机会。

正面思考可以让你知足常乐，这是因为满足也是一种心态，一种思考方式；你的心态、思维行动为你所有，你完全可以凭借自己的力量来控制它；记住每天说这几句话"我健康！我快乐！我大有作为！"激励斗志，永不满足。如果你的潜意识里浮现的都是正面信息，那么不管面对任何挑战，你都能以不倒翁的架势迎接。世上真正的胜利者，倒不一定是那些最有钱的、宅第最大的、或是位居要职的人，真正的赢家是能肯定他们自己、他们周围的世界，同时协助别人肯定自己的人。

能够积极思考的人，就能以完全不同的姿态面对问题，会以信念、希望与乐天主义的坚强思想处理事务。

如果一个人在精神上是积极进取的，那么围绕他的世界也会积极行动，而积极的结果也必然会来到积极思维者的身边。主动培养积极思维，活用积极思维的人实在是很幸运的。不过，不论年龄，谁都可以学习和活用积极思维，获得良好的结果。

爱默生曾经说过：一个积极思考者常会有意识地使自己保持心情的愉悦。你期望快乐，便会得到快乐。你寻找什么，便会发现什么，这是人生的基本法则。

幸福、快乐不仅仅是一种愉悦的心理状态，也不能被简单地定义成肤浅的乐观主义。它应该成为一种人生态度和生命本能。快乐根源于人类对自身悲剧命运的不屈抗争，充满着"扼住命运的喉咙"的勇气与智慧。虽然结局早已注定，我们却可以选择人生故事的别样过程。在悲伤的结局面前，努力加入多多的喜剧情节，从而使每个人的生命更有意义。凡事从正面思考，我们的生活才会更加幸福，更加愉悦。

第二章　正面思考者的七大品格

　　"正面思考"是一种观念的环保，也是一种良好的习惯。一个懂得正面思考的人，不管遭遇到任何困难，总能保持愉悦的心情，甚至化险为夷，为自己带来好运气。那么，"正面思考"须具备哪些品格呢？下面七点会告诉你。

1.乐观——一切成功人士的共同性格

很久以前，有一群印第安人被白人追赶，逃到了某个地方，他们的处境十分危险。由于情况危急，酋长便把所有的族人召集起来谈话。他说："有些事我必须告诉大家，我们的处境看起来很不妙，我这里有一个好消息，也有一个坏消息。"族人中间立刻起了一阵骚动。酋长说："首先我要告诉你们坏消息。"所有的人都紧张地站着，神色惶恐地等待着酋长的话，他说："除了水牛的饲料以外，我们已经没有什么东西可吃了。"大家你一言我一语地开始谈论起来，到处发出"可怕啊""我们可怎么办"的声音。突然一个勇敢的人发问了"那么好消息又是什么呢？"酋长回答："那就是我们还存有很多的水牛饲料。"

看到这个智慧而略有些幽默的酋长，在死的困境中依然保持着泰然豁达的心性，在你的内心是否会有一种触动呢？在人们视为绝望的处境中，智慧而又幽默的酋长，看到的不是死亡的葬地，而是生的希望。一个在厄运面前，不用绝望的念头思考问题的人，注定是一个永远不会被生活打垮的人。事实上，我们人生的好多失败，最后并不是败给了谁，而是败给了悲观的自己。

每个人的一生都不是一帆风顺的，我们行走在人生的路上，会有很多困难，有人能克服它，取得成功，有人却被它征服，为它所困。但是，如果我们仔细观察一下，就可以发现，胜利的人或许拥

有不凡的实力，拥有灵活的脑筋，但他们一定都拥有一点，那就是乐观的精神。或许有人会这样问："乐观是什么？"其实，乐观就是你对自身能力的自信和肯定。翻开词典，你不难看到，乐观即是精神愉悦，对事物的发展充满信心。

美国有一对兄弟，一个出奇的乐观，而另一个则相反，他非常的悲观。一天，他们的父母希望兄弟俩的性格都能改变一些。于是，他们把那个乐观的孩子锁进了一间堆满马粪的屋子里，把悲观的孩子锁进了一间放满漂亮玩具的屋子里。

一个小时之后，他们的父母走进悲观孩子的屋子时，发现他坐在一个角落里，一把鼻涕一把泪地在哭泣。原来，他不小心把玩具弄坏了，很害怕父母会责骂自己，所以大哭起来。而父母走进乐观孩子的屋子时，却发现孩子正在兴奋地用一把小铲子挖着马粪，把散乱的马粪铲得干干净净。看到父母来了，乐观的孩子高兴地叫道："爸爸，这里有这么多马粪，附近肯定会有一匹漂亮的小马，我要给它清理出一块干净的地方来！"

故事中的这个乐观的孩子，就是后来的美国总统里根。他从报童到好莱坞明星，再到州长，直至当上了美国总统。这中间，乐观的性格起到了很大的作用。只要你拥有乐观的性格，就会克服一切的不顺，顺利地迈向成功。

曾经有一位学者很形象地比喻人生：人的一生犹如婴儿初啼，虽有苦涩，却是全新鲜嫩，不管你遭到何种挫折与苦难，只要你不放弃自己，就没有任何事情可以难倒你。

我们的乐观和悲观总是随着发生在自己身上的事情而转化，而有人则超越了这种对外物的执著。所谓不以物喜，不以己悲，这是一种更高的智慧。用乐观的眼光看世界，世界是无限美好的，充满希望的，我们的生活就充满阳光，处处都有成功的出现。

有两个青年到一家公司去应聘，经理把第一位应聘者叫到办公室，问道："你觉得你原来的公司怎么样？"求职者面色阴郁地答道："唉，那里糟透了。同事们尔虞我诈，勾心斗角，部门经理粗野蛮横，以势压人，整个公司暮气沉沉，生活在那里令人感到十分压抑，所以我想换个理想的地方。""我们这里恐怕不是你理想的乐土。"经理说，于是这个年轻人满面愁容地走了出去。

第二个求职者也被问到这个问题，他答到："我们那儿挺好，同事们待人热情，乐于互助，经理们平易近人，关心下属，整个公司气氛融洽，生活得十分愉快。如果不是想发挥我的特长，我真不想离开那儿。""你被录取了。"经理笑吟吟地说。

美国有两家鞋厂为了开发市场，分别派业务员前往非洲考察当地的需求量。甲厂的业务员考察回来，立刻晋升为主管；乙厂的业务员考察回来，却从此被冷落在一旁。同样去非洲考察，为什么会受到不同的待遇呢？

原来，乙厂的业务员，到了非洲，当天就发了一封电报回厂报告。电报的内容是："完了！一点希望也没有，因为这里的人都不穿鞋子。"

而甲厂的业务员到了非洲，当天也发了一封电报回厂报告，电报的内容则是："太好了！希望无穷，因为这里的人都没有鞋子穿。"

同样的事，不同的态度，不同的看待，不同的结果，为什么？"用心"的不同。

由此可知，一味抱怨的悲观者，看到的总是灰暗的一面，即便到春天的花园里，他看到的也只是折断的残枝，墙角的垃圾；而乐观者看到的却是姹紫嫣红的鲜花，飞舞的蝴蝶，自然，他的眼里到处都是春天。正如卡耐基所说：人生是丰富而充满激情的舞台，每一种生活的尝试都是对自己人生的体验，保持乐观的人总能取得成功。

在生活中，那些失败者并不是因为自己没有能力，而是他们的心态、观念出了问题。遇到困难，他们只是挑选容易的倒退之路，总是给自己找借口，一直对自己说"我不行了，我还是退缩吧。"

结果坠入失败的深渊。成功者遇到困难，仍然保持着积极乐观的心态，用"我要！我能！""一定有办法"等积极地鼓励自己。于是便能想尽办法，不断前进，直至成功。爱迪生实验失败了几千次，从不退缩，最终成功地发明了照亮世界的电灯。

因此我们可以发现，成功人士的首要标志，在于他的心态。一个人如果心态积极，乐观地面对人生，乐观地接受挑战和应付麻烦事，那他就成功了一半。只要你乐观地对待一切事物，那么，你很快就可以达到成功。

拿破仑在一次与敌军作战时，遭遇顽强的抵抗，队伍损失惨重，形势非常危险。拿破仑也因一时不慎掉入泥潭中，被弄得满身泥巴，狼狈不堪。可是，此时的拿破仑浑然不顾，内心只有一个信念，那就是无论如何也要打赢这战斗。只听他大吼一声，"冲啊！"他手下的士兵见到他那副滑稽模样，忍不住都哈哈大笑起来，但同时也被拿破仑的乐观自信所鼓舞。一时间，战士们群情激昂、奋勇当先，终于取得了战斗的最后胜利。

一位商界成功人士说："我从小到大都不是一个品学兼优的孩子，但我从不因此就放弃自己，凡是遇到困难、挫折，我就告诉自己，要乐观点，明天就会好的。"有些人碰到失败就认定自己的能力不足，认为自己注定一生都是一个失败者。这样的观念只会限制你本来未发挥的潜能，成为你成功的绊脚石。我认为无论什么事情都应该尝试一下，无论如何先做做看，这样，成功的概率就会大得多。

在我们的现实生活中，每当我们遇到一件事情，如果我们乐观地去面对，这个事情就会向好的方面发展。而一旦我们觉得悲观失望，一心只往坏处想，事情也会越变越糟糕，为什么会有这样的情况呢？因为乐观的心态带来了积极的行动，而悲观的心态只会导致消极的思想，使你陷入困境。

事实上，我们每个人都面临两种选择，一种是悲观消极地去追求痛苦；一种是积极乐观地去拥抱生活。成功者之所以能够成功，就是因为他们选择了后者。一个人调整了自己，就可以感染和激励别人了。所以当你遇到挫折和困境时，要用乐观的心态去寻找事情好的一面，这样一来，你将会走向成功的巅峰。

人活在这个世界上，不管是花草、是阳光，还是自己周围的人或事物，大家和平相处，共进退，这个世界还有什么不是美好的呢？用乐观的态度对待人生就要微笑着对待生活，微笑是乐观击败悲观的最有力武器。无论生命走到哪个地步，都不要忘记用自己的微笑看待一切。微笑着，生命才能征服纷至沓来的厄运；微笑着，生命才能将不利于自己的局面一点点打开。当自己遇到困难挫折时，只要不钻牛角尖，再大的问题都是会解决的，悲叹是没用的。保持一种乐观的心态，如果一种方法行不通，那么换一种方式，换一个心情，说不定会在另一局面上让你有更大的惊喜，更大的成功。

2.热情——人生的太阳

热情是一个人保持高度的自觉，把全身的每一个细胞都调动起来，完成他内心渴望完成的工作。热情是一种强劲的激动情绪，一种对人、事、物和信仰的强烈情感。热情的发泄可以产生善、恶两种截然不同的力量。历史上有许多依靠个人热情改变现实的事迹。每一个爱情故事、历史巨变——不论是社会、经济、哲学或是艺术，都因有热情的个人参与才得以进行。

有"美国文明之父"之称的拉尔夫·沃尔多·爱默生曾经说过："没有热情，永远干不成大事。"大诗人S·乌尔曼也说过："年年岁岁只在你的额上留下皱纹，但你在生活中如果缺少热情，你的心灵就将布满皱纹了。"

著名的大提琴家P·卡萨尔斯当年已90岁高龄，还是每天坚持练琴4~5小时，当乐声不断地从他的指间流出时，他的俯曲的双肩又变得挺直了，他的疲乏的双眼又充满了欢乐。美国堪萨斯州威尔斯维尔的E·莱顿直至68岁才开始学习绘画。她对绘画表现出极大的热情，并在这方面获得了惊人的成就，同时也结束了折磨着她的至少30余年的苦难历程。

在我们的生活中，热情是一个十分重要的因素，对于创造性活动显得尤为重要。创造性活动需要热情、高度注意力、专注。热情不应衰退，而应越来越高涨，越来越旺盛，甚至达到疯狂。没有热情的充分燃烧，人的精力就会衰退，人的灵感就会枯竭，就不会产生出新的想法、新的思绪和不懈的努力。只要拥有热情，你就拥有了成功，对什么事都没有热情的人只会一事无成，在他的人生路上一切都是阴暗的。充满热情的人，他的人生之路就充满了阳光。

相信大家都知道拿破仑，他是一个非常有热情的人，他发动一场战役只需要两周的准备时间，换成别人可能会需要一年。这中间所以会有这样的差别，正是因为他那无与伦比的热情。

拿破仑在第一次远征意大利的行动中，只用15天时间就打了6场胜仗，缴获21面军旗，55门大炮，俘虏15 000人，并占领了皮埃蒙德。

拿破仑在这次行动中取得辉煌的胜利后，一位奥地利将军愤愤地说："这个年轻的指挥官对战争艺术简直一窍不通，用兵完全不合兵法，他什么都做得出来。"但拿破仑的士兵也正是以这么一种根本不知道失败为何物的热情跟随着他们的长官，从一个胜利走向另一个胜利。

拿破仑非常值得我们敬佩，但我们更应该赞美拿破仑手下那些具有无比热情的士兵，他们才是最伟大的人。

如果军队缺乏热情，就无法克敌制胜；人类缺乏热情，也就不会创造出震撼人心的音乐，不会建造出富丽堂皇的宫殿，不能征服自然界各种强悍的力量，不能用诗歌去打动心灵，不能有无私崇高的奉献去感动这个世界；如果缺乏热情，你即使有多么美好的愿望，也无法变为现实。也正是因为热情，伽利略才举起了他的望远镜，最终让整个世界都为之信服；哥伦布才克服了艰难险阻，领略了巴哈马群岛的清新晨曦。凭借着热情，自由才获得了胜利；凭借着热情，弥尔顿、莎士比亚才在纸上写下他们不朽的诗篇。同样，我们要想取得成功，就不能没有热情，无论在工作中，还是在生活中，我们都不能没有热情。热情的精神状态有利于我们愉快地工作，幸福地生活。

在美国西雅图，有一家腥味四溢的鱼铺，就是这样一家鱼铺，不仅顾客盈门，而且连500强的CEO与著名政治要人都趋之若鹜，为什么？没错，就是因为热情。

这家名叫"派克"的鱼铺，曾和梅林批发市场、朝阳街肉食店等所有的鱼铺一样，虽有名字，但并不是很出名。但是，自从被老约翰接手之后，这位新店主立志要让它改观，不仅要赢利，而且还要出名。

那么，他是怎么做的呢？首先，老约翰改变了鱼铺里面不白不灰的视觉效果，他将工作围裙一律改用明艳的大红色，其次，改善营业员卖鱼时像鱼一样闷不做声的呆板状态，他发明了"呼叫"销售法，比如员工一边包装称好的鱼一边朗声叫道："这条大鲑鱼要和这位漂亮太太回家去啦！""这6只螃蟹要装进这位先生的袋子里啦！"

这样一来，顾客多的时候，这些喊声此起彼伏，引诱得过路人也大多要走进来一看，并且不少人由走进来的"一看"变成了走进来的"一买"，而这些因改变了工作时的状态而改变了工作时的心态的员工，不仅脸上有了笑容与活力，而且许多人已工龄达 15 年之久。

有很多世界 500 强企业的 CEO 专程前往派克鱼铺，以探求这家平均售价每公斤仅几美元的小小鱼货店是何以在 30 平方米大的天地里，10 多年间将利润跃升 10 多倍的。最后，他们得出结论——热情。

是的，只要有了热情，我们就可以改变很多事。

著名女歌唱家玛丽布兰有一个绝招，她能够从低音 D 连升三个八度唱到高音 D，这样的高难度技巧令人大为折服。一天，一位评论家忍不住向她请教她成功的秘诀，玛丽布兰说："嗯，那可是我费了很大的力气才做到的。开始我为了练这个音花了一个星期的时间，那个时候，不论我在做什么，穿衣也好，梳头也好，我都在试图发这个音。最后，就在我穿鞋的时候，我终于找到了这种感觉。"

其实，热情是人生最大的财富和力量，只要你肯给她适当的阳光和土壤，它就会让你的付出见到光明。

一切正如爱默生所说的那样："人类历史上每一个伟大而不同凡响的时刻，都可以说是热情造就的奇迹。穆罕默德就是一个例子，他带领阿拉伯人，在短短的几年内，从无到有，建立起了一个比拜占庭帝国的疆域还要辽阔的国家。虽然他们的战士没有什么盔甲，却有一种崇高的理念在背后支撑着，所以战斗力丝毫不亚于正规的骑兵部队；他们的妇女也和男子一样在战场上纵横驰骋，杀得拜占庭人溃不成军。他们虽然武器落后，粮草严重不足，但军纪严明，从来不去抢夺什么酒肉，而是靠着小米大麦最后征服了亚洲、非洲和欧洲的西班牙。他们的首领用手杖敲一敲地，人们简直比看到一个人拿着刀枪还要害怕。"

曾有人说过这样一句话："从一个人的热情程度就可看出他的

将来是否有大的发展。"的确，一个人只有为自己的目标强烈地、坚持不懈地奋斗，才能到达目的地。只要你有明确的目标，再加上你的热情，你就可以取得意想不到的成功。

世界上第一位女性打击乐独奏家伊芙琳·格兰妮说："从一开始我就决定："一定不要让其他人的观点阻挡我成为一名音乐家的热情。"

伊芙琳·格兰妮从小就在苏格兰东北部的一个农场生活，自8岁起就开始学习钢琴。随着年龄的增长，她对音乐的热情与日俱增。但不幸的是，她的听力却在渐渐下降，医生们断定是由于难以康复的神经损伤造成的，而且断定她到12岁，就彻底耳聋。可是，她对音乐的热爱却从未停止过。她是一个不轻言放弃的人，因为他实在太热爱音乐了。

她从小就希望自己能成为打击乐独奏家，虽然当时并没有这么一类音乐家。为了演奏，她学会了用不同的方法"聆听"其他人演奏的音乐。她只穿着长袜演奏，这样她就能通过自己的身体和想像，感觉到每个音符的震动，她几乎用所有的感官来感受着整个声音的世界。

她决心成为一名真正的音乐家，而不是一名耳聋的音乐家，于是，她向伦敦著名的皇家音乐学院提出了申请。因为以前这家学院从来没有一个耳聋的学生提出过申请，所以一些教师反对接收她入学。但是她的演奏征服了所有的教师。她顺利地入了学，并在毕业时荣获了学院的最高荣誉奖。从此，她就致力于向成为第一位专职的打击乐独奏家的目标而努力，并且为打击乐独奏谱写和改编了很多乐章，在当时几乎没有专为打击乐而谱写的乐谱。现在，她已真正地成为了独奏家，她的成功就在于当她听到了医生的诊断后没有悲观地放弃自己的追求，而是以坚强的自信和热情，执著地为实现梦想奋斗着。

一个人的成绩是自己的坚定信念和热情创造出来的。不要被他人的论断束缚了自己前进的步伐。追随你的热情，扬起你的自信，它们将带你到达你想去的地方。只要你有热情，你就一定可以创造

成功，创造奇迹。

让我们用积极、博爱和宽容的态度去面对社会，面对工作和生活，这样你周围的人就能体会到你的热情，你的热情将会令你走向成功。

我们的生活需要热情，工作也需要热情，人生更需要热情，热情是成功之母，成功往往属于那些充满热情的人，而失败大都与丧失热情相伴。虽然有热情不一定成功，但缺乏热情则难以成功！一个人只有热爱生活，为自己钟爱的事业投入热情，才可获得成功，并从中收获欢乐、充实和完美的人生。

3.信念——度过难关的精神支柱

我们常常会说，只要有信念，就会有奇迹发生，那么，到底什么是信念呢？信念，是人们在一定认识基础上确立的、对某种理论主张或思想见解坚信无疑，并积极身体力行的精神状态。信念是一种综合的精神状态，本质上，信念表达一种态度——知识与客观真理相关的态度，直接与价值观相关。信念是主观的，强调的是情感的色彩和意志的坚定性。信心是以认知为基础，信念则是以信赖的情感为基础。

生活中的强者必定有成功信念，而那些失去信念的人，他们的生活庸庸碌碌，整天无所事事地过着"做一天和尚撞一天钟——得过且过的生活"。这是人生最失败的一面，我们应该摒弃它。只要心中有信念，有梦想，有目标，人生就不会是黑白的。信念可以支撑我们走向胜利，因为人的一生不可能是一帆风顺、事事遂人愿的。

一位旅行者迷失在了一场突如其来的沙漠风暴中，他找不到了前进的方向。更可怕的是，旅行者装水和干粮的背包也被风暴卷走了。他翻遍身上所有的口袋，在失望的时候从口袋里找到了一个青苹果。

"啊，我还有一个青苹果!"旅行者惊喜地叫着。他紧握着那个青苹果，独自在沙漠中寻找出路。每当干渴、饥饿、疲乏袭来的时候，他都要看一看手中的苹果，抿一抿干裂的嘴唇，陡然又会增添不少力量。他一次次的跌倒了，又一次次爬了起来，艰难地前行。他一遍一遍在心中默念着："我还有一个苹果! 我还有一个苹果……"

一天过去了，两天过去了，第三天旅行者终于走出了荒漠。那个他始终未曾咬过一口的青苹果，已经干巴得不成样子。他却宝贝似地一直紧攥在手中。人们不禁感到惊讶：一个表面上看来是那么微不足道的苹果，竟然会有如此不可思议的神奇力量!

在人生的道路上，每个人都不可能是一帆风顺的。有的人身躯可能先天不足或后天病残，但他却能成为生活的强者，创造出常人难以创造的奇迹。这靠的就是信念，对于一个有志者来说，信念是立身的法宝和希望的长河。信念的力量就是这么强大，它是一个人精神的支柱。有了它，我们就会勇敢地迈向成功。

有了信念，能救人性命；没了信念，能失去性命。其实古往今来，很多的成功人士都是因为自己有着坚定的信念才取得成功的。可以说，信念是人生的太阳，是前进的动力。信念的力量在于即使身处逆境，亦能帮助你扬起前进的风帆；信念的伟大在于即使遭遇不幸，亦能召唤你鼓起生活的勇气。只要拥有信念，你就拥有了希望。

1955 年，18 岁的吉尔·金蒙特已是全美最有名气的年轻滑雪运

动员了，她的照片被用作《体育画报》杂志的封面。她当时的生活目标就是获得奥运会金牌。但是，一场悲剧使她的愿望成了泡影。1955 年 1 月，在奥运会预选赛最后一轮比赛中，金蒙特沿着大雪覆盖的罗斯特利山坡开始下滑，由于当天的雪道特别滑，刚过几秒钟，她的身子一歪就失去了控制，她竭力挣扎着想摆正姿势，可是一个个接连不断的筋斗还是无情地把她推下了山坡。当她终于停下来的时候，已经昏迷了过去。人们立即把她送往医院抢救，虽然最终保住了性命，但她双肩以下的身体却永久性瘫痪了，这无疑对她是一个很大的打击。

就这样，她搏得奥运会金牌的理想彻底破灭了，但她面对困厄的斗志却没有被磨灭。几年内，她整日和医院、手术室、理疗和轮椅打交道，病情时好时坏，但她从未放弃过对生活的不断追求：去从事一项有益于公众的事业，来完成未竟的理想，是她在意外发生之后的梦。

她克服了种种困难，学会了写字、打字、操纵轮椅、用特制汤匙进食。她在加州大学洛杉矶分校选听了几门课程，希望今后能当一名教师。当她向教育学院提出申请，系主任、学校顾问和保健医生都认为这是天方夜谭，因为她无法上下楼梯走到教室。但是，她并没有因此而放弃。终于，在 1963 年时，她被华盛顿大学教育学院聘用。由于教学有方，很快受到了学生们的尊敬和爱戴。她终于成功了，她没有向命运屈服，因为她有自己的信念。

后来，因为她父亲的去世，全家人在不得已的情况下，搬到了曾拒绝她当教师的加里福尼亚州去。金蒙特决定向洛杉矶地区的 90 个教学区逐一申请。在申请到第 18 所学校时，已有 3 所学校表示愿意聘用她。学校特意对她要经过的一些坡道进行了改造，以便于她的轮椅通行，除此之外，学校还破除了教师一定要站着授课的规定。

她一直坚持着自己的理想，很多年过去了，金蒙特从未得过奥运会的金牌，但她却得到了另一块金牌——为了表彰她的教学成绩而授予她的。

在人生的旅途中，人生的轨迹不是预定的，但无论是处于高峰还是低谷，坚强的信念永远都是一股巨大的动力，它可以推动你去做别人认为你不可能做到的事情，更可以让你在困难重重的道路中取得成功。

信念，是蕴藏在心中的一团永不熄灭的火焰。信念，是保证一生追求目标成功的内在驱动力。信念的最大价值是支撑人对美好事物孜孜以求。坚定的信念是永不凋谢的玫瑰，只要你坚定你的信念，你就可以无往不胜。

有关专家们研究发现：信念的力量是惊人的，有时甚至可以创造"奇迹"，可能左右着一个人的成败、得失、健康，甚至生与死！被誉为铁人和抗癌英雄的徐州彭城五交化工公司经理韩玉亭，曾动过 14 次大手术，切除过 6 种恶性肿瘤。20 余年过去了，如今她还在工作岗位上，顽强地、健康地、潇洒地活着。她向社会介绍她的抗癌"五心"术，第一条就是信心。她说："我每次动手术都坚信不会死，我身体很好，能度过这一关。"正是因为有了这种信念，有了这种自信，才使她产生了强大的精神力量。

相信大家对闵惠芬并不陌生，她是上海民族乐团著名的二胡演奏家，她演奏的《二泉映月》曾倾倒了千万听众。但是，不幸也发生在她的身上，恶性黑色素瘤找上了她，她先后接受了 6 次手术、15 次化疗，在医护人员的精心治疗和鼓励下，一次又一次的击退黑色肿瘤细胞的侵袭。在漫长的治疗过程中，她以坚韧的毅力忍受着癌症带来的种种痛苦和精神折磨。腋下手术后，手臂不能抬起，也不能伸展，她咬紧牙关，坚持锻炼恢复体力和臂力，为的是重返舞台，为的是不放弃自己的梦想。6 年后，她的愿望终于实现了。这生命的奇迹，闪耀着人类任何疾病都不能摧毁的意志与信念的光辉。就是凭着自己的信念，她不断地努力才

出现了生命的奇迹。

人们常说："一个人最大的敌人就是自己。其实谁也没法把你打倒，能打倒你的只有你自己。要相信自己，相信自己才能超越自己。"

一个人如果能够坚持自己的信念，他就永远不会被打败，这样的人才是真正的胜利者。信念是一把钥匙——"不可能成功"这副锁链的钥匙，也是成功者得以生存的一块踏脚板，让他们看得更高、更远。有"胜利"的信念，可以让我们的每个想法都充满力量。当你用强大的自信去推动自己时，你就可能成就大事。

美国的苏格拉·芙顿女士，是一位著名的侦探小说家，面对成功，她这样讲述自己的成名之路："如果 25 年前，就有人告诉你，你将得到你想得到的一切，但是必须等到 25 年后，你听到这些话会有何感想？而眼前的路你又会如何走下去？"凭着自己对写作的执著和热情，她不停地写。但是，就是在这段长达 25 年的沉寂日子里，她的作品有很多都不受人们的重视，最终都落入了书桌抽屉的最底层，但她仍旧忠于自己的信念，永不放弃。与其说她企盼挤入作家之列，不如说她只是在文字中坚持自己的信念而已。直到她的写作生涯迈向第 25 年之际，她的作品终于受到出版商的青睐，出版了第一本书。

只要坚定自己的信念，没有什么是不可能的，苏格拉·芙顿女士凭着自己的毅力，坚持了 25 年终于获得了成功。试想，如果她不这样做的话，恐怕也不会有如此的成就了，如果她在写作中被"不受人们的重视"而打败的话，那她也不会取得成功了。所以，我们要想得到成功，就不能被打败，只有你打败困难与挫折，让自己变得更坚强。人生的旅程虽然坎坷，但只要我们有坚定不移的信念，就能闯过难关，等待我们的将是走向光明的畅然与欣慰。

你的成功取决于你的信念。坚定的信念是所有成功的坚实基础。信念决定着你如何看待事物，决定着你是否愿意了解自己的真实状态，决定着你是否愿意改变你目前的状态。过去，也许你没有建立起牢固的信念，但今后，信念将成为你走向成功的坚实基础。

电影巨星西尔维斯·史泰龙十几年前十分落魄，身上只剩一百美金，连房子都租不起，睡在金龟车里。当时，他立志当演员，并自信满满地到好莱坞的电影公司应征，但都因外貌平平及咬字不清而遭到拒绝，当好莱坞所有五百家电影公司都拒绝他之后，他仍然秉持"过去不等于未来"的信念，从第一家电影公司开始再度尝试，在被拒绝了一千五百次之后，他写了《洛基》的剧本，并拿着剧本四处推荐，仍继续被嘲笑奚落，一共被拒绝了一千八百五十五次，终于遇到一个肯拍那个剧本的电影公司老板时，又遭到对方不准他在电影中演出的要求，但最后，坚持到底的史泰龙终成闻名国际的超级巨星。

你能面对一千八百五十五次的拒绝，仍不放弃吗？史泰龙能，他做了别人做不到的事，所以他能成功。我相信只要你做到了，你也一定能。

信念，是蕴藏在心中的一团永不熄灭的火炬。坚定的信念，是永不凋谢的红花。只要信念不倒，我们浑身就充满了力量；只要信念不倒，我们就能从失败中一步步迈向成功的辉煌。

4.正直——生而为人的标准

做人最基本的一条就是正直，敢于坚持真理，不畏强暴，敢于说真话，做实事。对于任何事物，都要坚持原则，不能随波逐流，更不能趋炎附势。当你回首人生时，你可以无愧地说："我对得起任何人！"一个正直的人，永远会受别人的欢迎。

何为正直？正直的意思就是公正坦率。"天不颇覆，地不偏载"，是讲大自然公正无私，滋养万物；"正身直行，众邪自息"，是讲为人正直，巍然屹立；"为政之要，曰公与清"，是讲为官公正廉明，不辱使命。正直，是中华民族的传统美德，是做人与处世最珍贵最基本的品格。

要想成为一个有所作为的人，就要做正面思考，做一个正直的人，这是为人的标准，也是做人的基本要求。一个正直的人，不会受到外界的干扰，他会凭着自己的本性做事，从来不会因为某些事物的干扰而影响到自己做人的原则。

自古以来，正直的奇人伟士们，都是不屈服于忧患的。"大雪压青松，青松挺且直。要知松高洁，待到雪化时。"陈毅元帅的这首诗，正是对正直者高尚的不朽赞歌和真实写照。风雪寒霜的艰险困苦，反而是一种可以使正直者炼成经得起一切袭击的坚强性格的冶炉。正直者有着无比美好的风采，凡是有良知的人们见了之后准会爱上他。

一个正直的人，他们从来都不畏强势。强势者，力量必大于普通人，与强势者斗，往往会得不偿失。所以有的人面对权贵，面对上司，面对强暴，先已没了骨气，没了勇气，逆来顺受，只求苟安，明知法律被践踏，规则被破坏，道德被强奸，也断不敢出来哼上一声，顶多也就躲在被窝里偷偷嘀咕几句，还惟恐隔墙有耳，这样的人，如何能正直得站起来？一个真正正直的人，他们是不畏强势的，在我国古代就有这样一个人，他的大名无人不知，无人不晓——包拯。包拯任瀛州知州，各州用公家的钱进行贸易，每年累计亏损十多万，包拯上奏全部罢除。

包拯是一个十分正直的人，他在朝廷中为人刚毅，贵臣宦官为之收敛，听说过包拯的人都很怕他。人们把包拯笑比黄河水清了，儿童妇女也知道他的大名，喊他为"包待制"。京城称他说："关节不到，有阎王爷包老。"以前的制度规定，凡是告状不得直接到官署庭下。包拯打开官府正门，使告状的人能够直接到他面前陈述是非曲直，使胥吏不敢欺骗长官。朝中官员和士家旺族私筑园林楼榭，侵占了惠民河，因而使河道堵塞不通，正逢京城发大水，包拯于是将那些园林楼榭全部毁掉。有人拿着地券虚报自己的田地数，包拯都严格地加以检验，上奏弹劾弄虚作假的人。

包拯在三司任职时，凡是各库的供上物品，以前都向外地的州郡摊派，老百姓负担很重、深受困扰。包拯特地设置榷场进行公平买卖，百姓得以免遭困扰。官吏欠公家钱帛的多被拘禁，一有机会就逃走，又把他的妻儿抓起来，包拯都把他们给放了。

包拯是一个性格严厉正直的人，他非常恨那些贪官污吏，对官吏苛刻之风更是十分厌恶，致力于敦厚宽容之政，虽然嫉恶如仇，但没有不以忠厚宽恕之道推行政务的，不随意附和别人，不装模作样地取悦别人，平时没有私人的书信往来，亲旧故友的消息都断绝了。虽然官位很高，但吃穿和日常用品都和做平民时一样。他曾说："后世子孙做官，有犯贪污之罪的，不得踏进家门，死后不得

葬入大墓。不遵从我的志向，就不是我的子孙。"

正直的人永远都学不会那门假公济私的圆腔学。当他（她）襟怀坦白的时候，就是你想投机倒把也不能投其所好而希望他（她）不闻不问；就是你要偷梁换柱也不能蒙混过关却休想他（她）视而不见。相反，他（她）永远都能保持平心静气，待人总是一视同仁，不亢不卑。诚如明朝薛瑄所讲："心如水之源，源清则流清，心正则事正。"

著名管理学家彼得·杜拉克说，优秀的管理者最重要的特征是正直感，正直感不是一种单独的美德，而是所有美德的综合，美德决定了商业上的成功，使人们从商务行为本身获得了自由与幸福。

一个具有普遍性的问题，即人生之路犹如海上行船，必须按正确的航线行驶，否则，船越大越有触礁沉没的危险。也就是说，一个人的正直品质，决定了他及其事业的发展方向。

马克是美国某家电子公司小有名气的工程师。这家电子公司是一个小公司，在日益激烈的市场竞争中，时刻面临着来自规模较大的比利孚电子公司的压力，处境非常艰难。

一天，比利孚电子公司的技术部经理邀马克一起共进晚餐。在饭桌上，这位部门经理对马克说："只要你把公司里最新产品的数据资料给我，我会给你很好的回报，怎么样？"一向温和的马克一下子就愤怒了："不要再说了！虽然我的公司效益不好，处境艰难，但我决不会出卖我的良心，做一些对不起公司，见不得人的事。我不会答应你的任何要求，你不要白费心思了。"

"好，好，好。"听到这样的话，这位经理不但没生气，反而颇为欣赏地拍拍马克的肩膀，眼里流露出一种敬佩的目光。但此时的马克没有再和这位经理说什么，因为他不会做任何对不起公司，见不得人的事。

没过多长时间，马克所在的公司因经营不善破产了。马克也因此而失业了，一时又很难找到工作，只好在家里等待机会。没过几天，他突然接到比利孚电子公司总裁的电话，让他去一趟自己的办公室，说想见他一面。此时的马克百思不得其解，不知"老对手"公司找他什么事。他疑惑地来到比利孚公司，出乎意料的是，比利孚公司总裁热情地接待了他，并且拿出一张非常正规的大红聘书——请马克来他们的公司里做技术部经理。

马克被这一幕惊呆了，喃喃地问："你为什么这样相信我？"总裁哈哈一笑，说："原来的部门经理退休了，他向我说起了那件事并特别推荐你。小伙子，你的技术水平是出了名的，你的正直更让我佩服，你是值得我信任的人！"听到总裁这么一说，马克才明白过来。后来，他凭着自己的技术、管理水平和良好的诚信，成为了一流的职业经理人。

有人认为在当今现实生活中，为人正直者吃不开，也有人认为现在社会上正直的人少了，即便有也是逢场作戏罢了。其实，这些说法有失偏颇。尽管现实生活中确有一些人在金钱和权力面前失去了正直的品格，泯灭了做人的良知，但要相信正直的人还是占大多数，只要你去留心观察和真诚地感受。也正是有了这么一些乐于助人、甘于吃亏的正直者，才使得那些违法违纪者不至于肆无忌惮，为所欲为；才使得不正之风有所好转。所以，我们不能丧失做人的正直品格，不管别人怎么评价，都要一如既往地坚持下去，无论如何都不能违背自己做人的原则。

有一篇小说里写了一个很感人的故事：

某日，在一所大医院的手术室里，一位年轻的护士第一次担任责任护士，"大夫你已经取出了第十一块纱布，"她对外科大夫说道，"我们总共用了十二块。""我已经取出来了"，医生断然道，"我们现在就开始缝合伤口。""不行！"护士抗议说："我们用了十二块。""由我负责好了！"外科医生严厉地说，"缝合。""你不能这样做的！"护士激烈地喊道，"你要为病人想想！"大夫微微一笑，举起他的手让护士看了看那第十二块纱布："你是合格的护

士，"他说道。他在考验她是否正直——而她具备了这一点。

　　故事中的护士为什么能够坚持自己的正确看法，并全力维护病人的安全，而我们现实生活中的有些人却做不到这一点呢？

　　首先，重要的是有些人的社会责任感的淡化，导致责任扩散。信念不坚定，就容易被权力、权威所左右。其次是人们的是非观念模糊，好坏不分，缺乏正义的氛围，不是经常可以听到正直的人受到排挤的传闻吗？再次，因为个人内心的矛盾冲突，使意志发生动摇，为名利所困扰，从而对不良现象和行为熟视无睹，等等，的确值得我们深思。一个人要在社会上做一个真正正直的人是相当难的，正因为难，才显得正直的人难能可贵，令人敬佩和尊崇。一个正直的人，才是一个正面思考的人，他会为自己的发展而努力做人。

　　我们也可以这样说，正直所具有的价值和社会价值，是值得人们为此而努力实践的。做一个正直的人，你就不会再懦弱，就会变得勇敢；就会扔掉犹豫徘徊，变得坚定果断；就会去掉疑虑，变得心地坦然；就会去掉孤独，带来友谊、信任和希望。

　　不难发现，一个为人正直的人，实际上意味着他有某种内在的一定之规。我们不妨来看看下面这些例子：

　　首先，正直就意味着高标准地要求自己。很多年以前，一位作家在一次倒霉的投资中，损失了一大笔财产，趋于破产。他打算用他所赚取的每一分钱来还债。三年后，他仍在为此目标而不懈地努力。为了帮助他，一家报纸组织了一次募捐，有很多人出于同情都要慷慨解囊，这对他来说是一个极大的诱惑——接受这笔捐款将意味着结束这种折磨人的负债生活。但是，这位作家却拒绝了。他把这些钱退还给了捐助人。几个月之后，随着他的一本轰动一时的新书的问世，他偿付了所有剩余的债务。你知道这位伟大的作家是谁吗？他就是著名的马克·吐温。

　　其次，正直也意味着有高度的名誉感提醒你，这里指的不是声誉，而是名誉。伟大的弗兰克·劳埃德·赖特曾经对美国建筑学院的师生们发表讲话，他说："这种名誉感指的是什么呢？那好，什么是一块砖头的名誉感呢？那就是一块实实在在的砖头；什么是一块板材的名誉呢？那就是一块地地道道的、名副其实的板材；什么是人的名誉呢？这就是要做一个正直的人。"弗兰克·劳埃德·赖特恰恰如此，他不愧为一个忠实于自己做人标准的人。一个人就是要有自己的做人原则，不要被眼前的事物所影响，一个正直的人永远都会"正直"做人。

最后，正直还意味着具有道德感并且遵从自己的良知。相信大家都听过马丁·路德这个名字，他在被判死刑的的城市里面对着他的敌人说："去做任何违背良知的事，既谈不上安全稳妥，也谈不上谨慎明智。我坚持自己的立场；上帝会帮助我，我不能做其他的选择。"一个正直的人，不会违背自己的良知做人，为人正直就是要具有道德感并且遵从自己的良知做事。

在现实生活中，一个人的正直品格不是与生俱来的，而是要靠在社会实践中逐渐养成和铸就。一是要锻炼自己，在一些细小的事情上做到完全真诚，不讲假话；二是要在个人独处或面对某种诱惑时把握住自己，不违法违纪；三是要在关键时刻站出来伸张正义，不临阵退缩；四是要在名利得失面前经受住考验，不见利忘义，丧失良知。

仔细观察你便可以发现，善良的人们都期待着正直的风气更加浓厚，正直的人越来越多；正直的人不失其正直的品格，更加正直；埋怨别人不正直的人，首先从自己正直起来，以实际行动去影响他人，让更多的人正直。只要人人都做到正直了，整个社会的正直风气就不难形成。推崇你正直的品格吧，不要为世俗的偏见所动摇！学会正面思考，必须要有这样的品格。

5.勇气——人生路上成功的法宝

在烈日下，一群饥渴的鳄鱼陷身于水源快要断绝的池塘中。面对这种情形，只有一只小鳄鱼起身离开了池塘，它尝试着去寻找新的生存的绿洲。塘中之水愈来愈少，最强壮的鳄鱼开始不断地吞噬身边的同类，苟且幸存的鳄鱼看来是难逃被吞食的命运，然而却不见有鳄鱼离开。池塘似乎完全干涸了，惟一的大鳄鱼也耐不住饥渴而死去了。然而，那只勇敢的小鳄鱼呢，它经过多天的跋涉，幸运的竟然没死在半途中，而是在干旱的大地上，找到了一处水草丰美的绿洲。

生活中，有很多人就像池塘中的鳄鱼一样，因为面临困境时不能正面思考问题，缺乏走出困境的勇气，所以他们最终的结果只能是失败。而那些少数的成功者，如小鳄鱼般地正面思考问题，然后从中拿出勇气使自己变得勇敢起来，最终成功地抵达理想之地。

歌德说过："你若失去了勇敢，你就把一切都丢失了。"的确，有勇气不一定能成大业，但无勇气一定会一事无成。不论你要做什么事情，没有勇气当然是不行的。勇气是一种冒险，但更是一种大无畏的气概，是一种对自我能量的自信。勇气是你事业的发端，更是你成大事的先声。有了这个先声，你才会有浩浩荡荡的远大前程。

美国康奈尔大学的威克教授做过一个有趣的实验：把一只瓶子

平放在桌子上，瓶子的底部向着有光亮的一方，瓶口敞开，先放进几只蜜蜂，只见它们一次又一次朝着有光亮的地方飞去，结果只能撞在瓶壁上。蜜蜂发现自己永远也无法从瓶子中飞出去，只好认命，奄奄一息地停在有光亮的瓶底儿。威克教授把蜜蜂倒出，仍将瓶子按原来的方向摆好，再放进几只苍蝇。没过多久，它们一只不剩地全从瓶口飞了出来。苍蝇为什么能找到出路？原来它们坚持多方尝试，一旦发现此路不通，便立即改变方向，最后终于找到瓶口飞了出来。

从这个小小的实验中，威克教授得出这样的结论：与其坐以待毙，不如横冲直撞，因为后者的做法比前者聪明且有用得多。事实上，在世为人也是如此，成功者遭受的失败或犯下的错误并不见得比一般人少，只不过是他们勇于尝试，善于改变，才最终取得了成功。

生活当中，挫折总是与我们结伴而行。有的人在挫折面前害怕了，灰心了，就被那一张纸老虎的面孔吓得不敢直立前进；有的人却能不畏失败，迎难而上，经过努力而站在成功的终点线上。于是，在生活中便出现了两种人：一种人在消极中堕落，脆弱得经不起考验；另一种人在积极中奋进，坚强面对所有的挫折，最终战胜挫折。由此看来，要想达到目标，我们就不应该害怕挫折，我们要有战胜挫折的勇气，更要有勇往直前的勇气。

她是一个相貌平庸，身无分文，地位卑微的女子，但是她自强自爱，始终拥有着追求上进的精神。她虽然长相平平，但是她却以不平凡的气质和追求众人平等的信念，深深吸引了千千万万的读者。她，就是夏洛蒂·勃朗特笔下诞生的勇者——简·爱，一个极其普通的名字，却拥有着不平凡的人生。

有着悲惨童年的简·爱来到了桑菲尔德之后，开始了她全新的生活，她凭着自己顽强的毅力，力求完美的精神，又几经周折后，终于找到了自己的幸福。

从书中我们可以知道，简·爱的生活非常贫穷，既没金钱也没有可靠的亲戚，还经常受欺负，可是她没有在困难面前低头！遇到种种困难，她都挺起胸膛，拍拍胸脯，勇敢地站出来等待着它的到来，并以平静的心态去克服它，把人生道路上的坎坷当成一种磨练，一种财富！在我们的人生道路中，难免会有许许多多的坎坷，不要畏惧，只有面对才会解决。困难，需要勇气克服！这是简·爱带给我们最好的礼物。

在我们生活中，"什么是真正的勇气"这个问题一直为我们所疑惑，却一直没有一个适当的答案。其实，每个人都可以根据自己的感受来解释勇气，我们可以说勇气是人们心中的一种宝贵的、闪光的、奇特的东西，可以说，勇气可以铸就钢铁一般坚强的意志，也可以说勇气能让梦想生出翅膀在黑暗中找到光明……

明朝末年，史学家谈迁经过二十多年呕心沥血的搜集整理资料和写作，终于完成了明朝编年史——《国榷》。然而，谈迁还没来得及喘口气，一天夜里，家里遭遇小偷袭击，小偷见谈迁家徒四壁，无物可偷，以为锁在竹筐里的《国榷》原稿是值钱的财物，就把整个竹筐偷走了。从此这部书稿就下落不明。二十多年呕心沥血的成果转眼间化为乌有，这对于年过六旬的谈迁来说，简直就像老年得子而刚出生的孩子又莫名其妙地死了一样，无疑是一个人生的重创，这对他来说是一个很大的打击。

谈迁当然也忧郁、悲伤过，但是，他并没有一蹶不振，他很快就从老年失"子"的痛苦中解脱了出来：人生岂能如此虚度，只要生命还在就有从头再来的机会。谈迁坚持了下来，继续搜集材料，不断充实史料，埋头又苦干了十年，又一部《国榷》诞生了。新写的《国榷》共一百零四卷，百万余字，内容比原先的那部更翔实、更精彩。谈迁不仅为后人留下了宝贵的历史资料，他自己也因此名留青史，为后人所称赞。

众所周知，只有努力奋斗、坚持到底才能取得成功。但是，难就难在拥有"屡战屡败、屡败屡战"的勇气和毅力。人生的成功并不在于你取得多大成就，而在于你是否具有屡败屡战、敢于坚持的勇气。考验一个人的勇气，往往不是看他敢不敢死，而是看他敢不敢活下去。成功者不比普通者更有运气，只是比普通者更能延续最后5分钟的勇气。伏尔泰有句话说得非常好："要在这个世界上获得成功，就必须有勇气坚持到底——剑至死都不能离手。"

美国百货大王梅西就是一位积极奋进的人。梅西曾经七次遭遇转折点——也就是一般人通称的"失败"，但他毫不气馁，凭着失败的教训，终于取得成功，成为百货业中的巨富。

1922年梅西出生于波士顿，他年轻时出过海，后来开了个小杂货铺。由于缺乏经验，这个小杂货铺很快就倒闭了。一年后，他又凑了些钱开了一家小杂货铺，但仍以失败而告终。没过多长时间，淘金热席卷美国，梅西认为发财的时机到了，于是跑到加利福尼亚州开了个小饭馆。不料，大多数淘金者毫无所获，连最便宜的饭都吃不起，小饭馆也只好关闭了。不甘失败的梅西回到马萨诸塞州之后，又满怀信心地开起了布匹服装店，然而他刚购进一批货物便遇上了物价暴跌，这一回，不仅商店倒闭，而且梅西彻底破产，赔了个精光。

梅西是一位不轻易认输的人，他认真吸取了以前的教训，到新英格兰继续开布匹服装店。这一回，因为他的灵活经营，慢慢打开了局面。后来，位于曼哈顿中心地区的梅西公司成为世界上最大的百货商店之一。

从梅西的创业历程我们可以知道：对于挫折只能去面对它，正视它，坚持自己心中必胜的信念，相信这些挫折不算什么，再大的险阻困难也能承受。君不见历史上的名人志士哪一个没有在自己的生命之旅中受过挫折，正所谓："不经一番寒彻骨，哪得梅花扑鼻香。"只要能坚定信念，勇敢地去挑战挫折，就可以拨云见日，踏上成功大道。

经得起风浪，距离成功才不再遥远；只有那些经不起风浪，不敢接受挑战的人们，才会被挫折吓倒，对于真正心中充满了热情，怀有坚定信仰的人，挫折不过是一顿午饭中吃出来的一粒小石子，第一次咬到时也许是碰痛了牙齿，但只要辨清它的方向，确定它的位置，就可以把它从口中的食物中分离出来，并抛弃它。

有勇气的人不怕风险，而愿冒风险的人往往有机会得到更好的回报。当你考虑需要鼓起勇气做某些事情的时候，不妨客观地做个风险和回报的对比。承认错误，从失败中学习，在人生的尝试中，你可能会遭受千百次的失败，可能会在尝试中发现许多工作都不适合你，但是，千万不能因此放弃了你的勇气。不能惧怕失败，只要冷静地分析失败的原因，说不定下一次就会有成功来敲门了。而一个没有勇气的人，注定最后是一事无成的。

有这样一则故事：有一位年轻人，由于自幼与父母分离，在被寄居他人家里时受过别人多次羞辱，此后便把自己看得很低。长大后，即使已经有足够的条件可以使他追求目标，并能取得成功时，他总是既渴望又畏惧。他怀疑自己的能力，害怕自己做不到，害怕途中碰到挫折。于是他便采取了一些连他自己都弄不懂的行为，将机会与唾手可得的成功一次次地毁掉，不仅如此，他还庆幸地说道："我真聪明，事实证明我有先见之明。"这种颠倒因果的自毁方式比起"习得的无助"让你更加的心寒。

在漫长的人生旅途上，并不铺满鲜花，还潜伏着种种挫折。我们难免会遇到这样那样的困难，但面对困难，有两样选择，坐以待毙还是勇往直前，直接决定着一个人的不同人生轨迹。所以，遇到挫折就勇敢地去挑战它吧！要知道，挫折并不可怕，可怕的是一个人已经失去了面对挫折的勇气！

有一个故事是这样说的，一个农夫的一头驴子掉进了枯井里。农夫绞尽脑汁想把驴救出来，可是无计可施。最后农夫决定放弃营救。他想这头驴子老了，不值得费劲去救它。但这口井要填起来，以免再有别的牲口掉进去。于是，农夫就往枯井里铲土。没料到，当铲进井里的泥土落到驴子的背上时，它立即将泥土抖落在一旁，然后站在泥土上面。就这样，驴子将落在它身上的泥土全部抖落在井底，不停地向井口上升。慢慢地，它到达地面得救了。

生活中有太多的时候需要的是勇气，常有人用"心有余而力不足"，来为自己在困难面前退却而开脱。很多时候我们没勇气，面对自己，我们怕了，怕别人笑我们，怕别人说我们，然而，就是这些怕的事情让我们一次失败又一次失败。其实，世上没有过不去的"火焰山"。在人生的长河中，许多东西可以丢掉，但万万不可丢掉把困难踩在脚下的勇气。只有拿出勇气，我们才可以有一番大的作为。但凡成功者，总是勇敢地将"泥沙"抖落掉，然后站在上面，百折不挠，坚忍不拔，最终获得成功。

6.自信心——人生的所有事都从信心开始

凡事总要有信心，老想着"行"。要是做一件事，先就担心着："怕不行吧？"那你就没有勇气了。

——盖叫天

《史记·李将军列传》中讲述了这样一个故事：汉代飞将军李广，一日外出打猎，隐约看到远处草丛里卧着一只老虎。他弯弓搭箭，猛力一射，但不见那只虎有什么动静。走近一看，原来隐约看到的那只虎是块大石头，只见整个箭头都射进石头中了。过后，他退回原地，几次再射，但箭头始终不能再射进去了。

李广把石头误当老虎，不敢轻敌，只想一箭将老虎置于死地，因而凭着臂力和百倍信心，一箭射过去箭入石中。后来他知道那只是块石头，不会伤人，也知道箭难穿石，于是顿失信心，因此，再怎么射也射不进去了。

由此可见，信心对于一个人来说是多么的重要。人生在世，想要成事，就必须从信心开始。当你满怀自信地去做事时就一定会成功。

自信心就是自己相信自己的理想一定能实现的一种心理状态，在现实生活中，有些人认为自信心是自负才高，蔑视一切。这种想法是不对的，我国有句俗话说得好："古之成大事者，无有超世之才，亦必有坚忍不拔之志"。但更重要的是，应该有足够的自信。若没有了自信这块地基，一切世事皆不可能做好。

相信大家知道张海迪这个名字，她是一个自强不息的残疾患者，人残志不残。她躺在病床上时，还不忘努力学习，以提高自身修养，镜子中反射的密密麻麻的相反的字，使她头晕目眩，多少次泪水流过，但她却永不停止，不断努力着，终于翻译了一本长篇小说，震惊世界，这是为什么？因为在她的心中有着希望在点亮，她的自信心支持着她奋勇向前，追寻着自己想要的幸福生活。她的人生理想之所以能够实现，就是因为她有实现理想的信心。

我们更知道著名画家梵高，当他躺在一片茂密的向日葵中，任凭微风穿过向日葵，从他的耳边呼啸而过，他的思想获得了高度提升。回想起先前，房屋简陋，任人唾骂，甚至他的画板，他最心爱的宝贝也被无情地遭人踩踏过，他得不到理解，这一切他都默默地忍受了，为什么？因为他从这片向日葵中看到了希望，感受到了蓬勃的生命力，自信心也引导着梵高勇敢向前，他重新拿起了笔，由此举世闻名的《向日葵》诞生了。在这幅画里不仅包含着万物的生机，更隐藏着梵高的信心，对未来美好生活的信心，对自己绘画事业的信心。

自信是人生成功的奠基石，人的成功之路必须踏着自信的石阶步步登高。有了自信，人才能达到自己所期望达到的境界，才能成为自己所希望成为的人，坚持自己所追求的信仰。无论在什么情况下，自信者的格言都是："我想我能够的，现在不能够，以后一定能够的！"

有这么一个典型的例子：一位心理学家从一班大学生中挑选出一个最愚笨、最不招人喜欢的姑娘，并要求她的同学们改变以往对她的看法。在一个风和日丽的日子里，大家都争先恐后地照顾这位姑娘，向她献殷勤，陪她回家，大家以假作真地打心里认定她是位漂亮聪慧的姑娘，结果怎么样呢？不到一年，这位姑娘出落得很好，连她的举止也同以前判若两人。她聪明地对人们说：她获得了新生。确实，她并没有变成另一个人，然而在她身上却展现出每一个人都蕴藏的潜质，这种美只有在我们自己相信自己，周围的所有人也都相信我们、爱护我们的时候才会展现出来。

现实生活中，无论我们在学习中，还是在工作的过程中，总要越过险峻的高山，渡过茫茫的阔水。而自信心就是登山的云梯，渡水的飞舟。人，只有自信，才能自强不息，才能使自己保持必胜的信念，才有勇气攀登上理想的高峰。

在法国的某一个公园里，有一个叫约翰的人因为万念俱灰想用自杀了此一生。因为他长得个子很矮、相貌一般、语言也不纯正，更没有好的家庭背景，他感觉对于一个男人来说真是活得太累！在这时，他的一位朋友拿着一张报纸兴冲冲地跳进公园大叫："约翰，告诉你一个好消息！"约翰从椅子上站起来满脸困惑地瞪着跑得满头大汗的朋友："我会有什么好消息？""你看，报纸上刊登了一则寻找拿破仑后人的消息，我怎么看，感觉你肯定就是！个子不高，说话的口音也对，朋友，真得祝贺你了！"约翰的眼睛亮了，他大声问道："是真得吗？是真得吗？天呀，太好了，我是拿破仑的后代!"自此,约翰充满了自信,做任何事都充满信心!几年后,他成为了一个企业的总裁。

在一个晚会上,约翰的朋友来到他的身边说:"对不起,约翰,我要向你道歉,因为有一件事我欺骗了你!""是什么事,我的朋友。"约翰问。"其实你根本不是拿破仑的后代,那一天,我见你那么消沉,所以,就想了这么个办法来安慰激励你!""不,我的朋友,"约翰大声说:"我应该好好谢谢你,没有你,就没有我的今天,是你给我带来了生活的信心,对我来讲,是不是拿破仑的后代已不重要,最为关键的是我现在已经取得了成功!"

由此,我们不难发现,正因为"信心"才将一个要自走绝路的人带上成功之路!所以,无论什么时候,你都不要对自己失去信心,所有的一切都从信心开始,一旦没有信心,你便没有了一切。信心完全可以帮助你创造奇迹!

曾经有人向林肯请教成功的经验。对此林肯是这样回答的:"每一个人都应该有自信心:人所能负的责任,我必能负;人所不能负的责任,我亦能负。如此,你才能磨练自己,求得更多的知识,进入更高的境界。我的成功经验就是自信。"

在现实生活中,自信心是大力之神,它能使弱者变强,使强者变得更强。居里夫人,当初穿着沾满灰尘和油污的工作服,翻动矿石,搅动冶锅,从堆积如山的含铀沥青中寻觅镭的踪迹时,条件非常艰苦,但她却信心百倍,毫不动摇。成功之后,她对她的朋友们说:"无论做什么事情,我们都应该有恒心,尤其是自信心。"爱因斯坦望着愠怒的老师,不慌不忙地举起两只粗陋的小板凳,解释道:"这是我第一次做的,这是我第二次做的……刚才交的是我第三次做的。虽然它不能使人满意,但总比这两只强些。"如果轮到你我,我们应该怎样回答老师的责问呢?涨红了脸?用低低的声音说:"这可是第三只板凳了……我费了很大的功夫,尽了最大的努力……"或者干脆垂下脑袋,把关于前两只更蹩脚的板凳的事儿咽下肚去，心里悲哀地想："唉，为什么我不能像伙伴们那样做出讨人喜欢的东西呢？"于是，我们就开始深深地抱怨自己拙劣的手工技能。可年幼的爱因斯坦说的那一番话意思就是："我没有什么可难为情的。你看，我干了三次，做出了努力，并且每一次都有进步，虽然进步是微小的。"这不能不算自信。小时候曾一度让父母失望的爱因斯坦，就在永不熄灭的自信之火引导下，最终成为举世闻名的科学家。由此可见，成功固然是由很多因素促成的，但自信心是所有成功者的特征。所以说，一个人要想成功，就必须要具有自信心，否则，成功将无从谈起。

有这样一个故事：有一位经理把全部财产投资在一种小型制造业上，由于世界大战爆发，他无法取得他的工厂所需的原材料，因此只好宣布破产。金钱的丧失使他大为沮丧。于是他离开妻儿，成为一名流浪汉。他对于这些损失无法忘怀，而且越来越难过，到最后甚至想要跳楼自杀。很偶然的一次机会，他看到一本名为《自信心》的小书，这本书给他带来了勇气和希望，他决定去找这本书的作者，请作者帮助他重新站起来。

当他找到作者，向作者说完自己的故事后，那位作者对他说："我已经以极大的兴趣听完了你的故事，我希望我能对你有所帮助，但事实上，我却绝无能力帮助你。"他的脸立即变得苍白。他低下了头，喃喃地说："这下我完蛋了。"

作者停了几秒钟，然后说道："虽然我没有办法帮助你，但我可以介绍你去见一个人，他可以协助你东山再起。"刚说完这句话，流浪汉立即跳了起来，抓住作者的手，说道："看在老天爷的分上，请你带我去见这个人吧！"

于是，作者把他带到一面高大的镜子面前，用手指着镜子说："我介绍的就是这个人。在这个世界上，只有这个人能够使你东山再起。除非坐下来，彻底认识这个人，否则，你只能跳进密歇根湖里。因为在你对这个人作充分认识之前，对于你自己或这个世界，你都将是一个没有任何价值的废物。"他朝着镜子向前走了几步，用手摸摸他长满胡须的面孔，对着镜子里的人从头到脚打量了几分钟，然后退几步，低下头，哭泣起来。

几天后，作者在街上碰到了那个曾经向自己寻求帮助的流浪汉，作者差点认不出他来，因为流浪汉的变化实在太大了。他的步伐轻快有力，头抬得高高的。他从头到脚打扮一新，看来是很成功的样子。"那一天我离开你的办公室时，还只是一个流浪汉。我对着镜子找到了我的自信，现在我找到了一份年薪三千美元的工作，我的老板先预支一部分钱给我的家人。我现在又走上成功之路了。"他还风趣地对作者说："我正要前去告诉你，将来有一天，我还要再去拜访你一次。我将带一张支票，签好字，收款人是你，金额是空着的，由你填上数字。因为你介绍我认识了自己。幸好你要我站在那面大镜子面前，把真正的我指给我看。"

一个自信的决定改变了人一生的命运，由此可见，自信的力量是如此神奇。流浪汉的故事告诉我们：只要你对自己有信心，便没有办不到的事。自信能化渺小为伟大，化平庸为神奇。一个人有了坚强的自信心，他的机会之多，远非那些犹豫不决、模棱两可、拖拖拉拉之人可比拟的。有自尊心而无自信心，等于一座房屋有栋无梁，它的维系力量必然是很脆弱的。

自信是人们事业成功的阶梯和不断前进的动力。在许多伟人身上，我们都可以看到超凡的自信心。正是在这种自信心的驱动下，他们敢于对自己提出更高的要求，并在失败中看到成功的希望，鼓励自己不断努力，从而获得最终的成功。正如法国启蒙思想家、文学家让·雅克·卢梭所说的那样："自信力对于事业简直是一个奇迹。有了它，你的才干就可以取之不尽，用之不竭；一个没有自信的人，无论他有多大的才能，也不会抓住一个机会。"

尼克松是我们极为熟悉的美国总统，但就是这样一个大人物，却因为一个缺乏自信的错误而毁掉了自己的政治前程。

1972 年，尼克松竞选连任。由于他在第一任期内政绩斐然，所以大多数政治评论家都预测尼克松将以绝对优势获得胜利。

然而，尼克松本人却很不自信，他走不出过去几次失败的心理阴影，极度担心再次出现失败。在这种潜意识的驱使下，他鬼使神差地干出了后悔终生的蠢事。他指派手下的人潜入竞选对手总部的水门饭店，在对手的办公室里安装了窃听器。事发之后，他又连连阻止调查，推卸责任，在选举胜利后不久便被迫辞职。本来稳操胜券的尼克松，因缺乏自信而导致惨败。

小泽征尔是世界著名的交响乐指挥家。在一次世界优秀指挥家大赛的决赛中，他按照评委会给的乐谱指挥演奏，敏锐地发现了不和谐的声音。起初，他以为是乐队演奏出了错误，就停下来重新演奏，但还是不对。他觉得是乐谱有问题。这时，在场的作曲家和评委会的权威人士坚持说乐谱绝对没有问题，是他错了。面对一大批音乐大师和权威人士，他思考再三，最后斩钉截铁地大声说："不！一定是乐谱错了！"话音刚落，评委席上的评委们立即站起来，报以热烈的掌声，祝贺他大赛夺魁。

尼克松因缺乏自信，最终以失败告结，而小泽征尔却因充满自信而摘取了世界指挥家大赛的桂冠。所以要想取得成功，就必须对自己有信心，一个对自己没有信心的人，最终只能被成功淘汰出局。

关于自信，拿破仑·希尔说过："信心的力量是惊人的，相信自己，那么，一切困难都将不会是困难的。因为自信心是一种积极的心理品质，是促使人向上奋进的内部动力，是一个人取得成功而必备的、重要的心理素质。"有记者采访邓亚萍时问道："你怎么会每次都获得冠军呢？"邓亚萍举起一个大拇指，说："我，自信！"确实如此，自信使人奋进，自信使人成功。因此，朋友们，不要再怀疑自己的能力了，对自己充满自信吧，因为惟有自信才能产生勇气、力量和毅力。因为自信，困难才会被你战胜，高山才会踏于你的足下！

7.耐心——成功的磨刀石

在日本流传着这样一个故事：有两个渔民，一个名叫阿呆，另一个名叫阿图，他们都梦想成为富翁。一天，阿呆做了一个梦，梦里有人告诉他对岸岛上的寺里有49株朱槿树，开红花的一株下面埋了一坛黄金。阿呆满心欢喜地驾船去了小岛，岛上一切景色都和自己梦中的一样。春天一到，49株朱槿树全都盛开，只不过开的是清一色的淡黄花。阿呆便垂头丧气地回去了。阿图知道了这件事后也来到了寺里，从秋天等到第二年春天。果然，在春风的吹拂下，朱槿花凌空开放，一株株槿树盛开出美丽绝伦的红花。阿图激动地在树下挖出一坛黄金，成为村里最富有的人。

生活中，人人都想成为富翁，也都渴望成功，人们也都为这一目标不懈地努力着。但在努力的同时，我们更需要用耐心来等待成功！拿破仑说过："世上绝无不热烈地追求成功而能获得成功的道理。"成功确实需要人们去努力，可以说努力是成功的不二法门。有人说："在成功的人身上，我们发现他失去了自身的许多东西。"任何人不会轻而易举地取得成功，阳光总在风雨后……这些话只是说明了成功的一个方面——不懈的劳动，其实，成功还有另外一方面——机会。机会不是你想它来就会来的，这需要我们耐心地等待。只有耐心地等待，你才能抓住成功的衣角，从而一步登天。然而在生活中，我们不难发现总会有一些人一事无成，难道是他们没有能力吗？还是上天不曾给过他们成功的机会？为什么大家同样都是人，同样都有自己的奋斗目标，但奋斗后的结果却大不相同呢？其原因就在于，失败者缺少等待成功的耐心，而成功者具备的就是失败者没有的耐心。一个做什么事都没有耐心的人是永远都不可能成功的，因为成功需要用耐心去浇灌，用耐心去等待。

史载，武王计划伐纣，一日，遇到了姜子牙，向他请教什么时候伐纣最好。姜子牙通过分析，认为纣王虽然昏庸，但商王朝的气数未尽，应该耐心地等待，到商王朝气数完全衰竭的时候再出兵，则易取得胜利。武王采纳了姜子牙的意见，耐心地养精蓄锐、等待时机，一直等了 15 年。15 年后，商王朝气数殆尽，武王出兵伐纣，果然势如破竹，大获全胜。

这就向我们说明，耐心是成功的磨刀石；学会了等待时机，我们离成功也就不远了。

成功需要我们耐心等待。我们知道"等待"的本义是不采取行动，直到所期望的人、事、物或情况出现。在生活中，有不少人便将"等待成功"的真正含义也理解为此，于是他们在渴望等到自己想要的东西时，便不再去考虑将要来临的可能是灾难，或是痛苦。即使他们其中有人觉悟或察觉到有这样不幸的后果，也总不愿意采取补救的措施。明知道不劳动，等到的会是苦果，他们也会心甘情愿地等待下去。

相信大家都知道"守株待兔"的成语故事吧。是说主人翁有一天在田里干活，忽然听到有响声，于是他走近大树一瞧，原来是一只兔子撞死在大树上。当天晚上主人翁躺在床上想：如果每天都有一只兔子撞上大树让我捡到，那我岂不是不用再下地干活了。

第二天，他早早地起床就往田地里赶。来到田地里，他并没有下田干活，而是守在那棵大树下等待着下一只愚蠢的兔子"上钩"。日复一日，月复一月，再也没有见到他下地干活，而是整天守在大树下，兔子没有再捡到一只，而田地里的野草已把庄稼淹没。

看到这则成语故事，人们一定都会说这主人翁很愚蠢、很可笑，其实想想生活中的我们有时何尝不是那抱着"守株待兔"的愚蠢思想的人呢。

等待是成功的前提，而惟有劳动才能收获成功之果。这就如种植一样，只有劳动和耐心等待，植物才会开花结果。

有这样一个神话故事：一个二十来岁的英俊男人，渴望与心中的美人一起生活。由此，他用木头雕了一个和梦中情人一模一样的木像。他每天晚上就与木像诉说心声，希望有一天梦想成真。他白天勤勤恳恳地劳动，一转眼几十年过去了，他每天都如是。终于在某一天，木像变成一个有思想、有情感的美人，最后他们生活在一起，过上了幸福生活。

虽然这两个故事都普通短小，但让我们体会到了不同的结果：不劳动的等待没有好结果；而经过勤恳劳动耐心等待的，最后幸福终会降临。

任何成功都是耐心耕耘和静心等待的结果，耐心实际就是保持积极的心态。积极心态就是力量，拥有它可以锤炼你的意志，磨练你的脾气，缓冲你的怒气，埋葬你的嫉妒，根绝你的傲气以及控制你的言行。如果你有足够的耐心，就会获得应有的报酬，从而能掌握你的命运。只有持之以恒，你才能度过任何难关，才会收获丰盈。

富兰克林说："有耐心的人无往而不胜。"耐心需要特别的勇气，对一个理想或目标全然地投入，而且要不屈不挠，坚持到底。追求人生目标的决心愈坚定，你就愈有耐心克服阻碍。

所谓的耐心，是指动态而非静态，主动而不是被动，是一种主导命运的积极力量，而不是向环境屈服。这种力量在我们的内心源源不尽，但必须严密地控制及引导，以一种几乎是不可思议的执著，投入到既定的目标之中。

　　有了坚定的人生方向，可以提高你对于挫折的忍受力。你知道目标逐渐接近，这些只是暂时的耽搁。如果你积极地面对困难，问题就能迎刃而解。

　　一位女作家应邀去美国访问，一天，她来到纽约街头，遇到一位卖花的老太太，这位老太太穿着相当破旧，身体看上去也相当虚弱，但脸上却蓄满喜悦。女作家被老太太的喜悦感染了，冲动之下挑了一朵花，并对老太太说道："您看起来很高兴。"老太太答道："为什么不呢？一切都这样美好。""你很能承担烦恼。"女作家又说，然而老太太的回答令女作家大吃一惊。老太太说："耶稣在星期五被钉在十字架上的时候，那是全世界最糟糕的一天，可三天后，就是复活节。所以，当我们遇到不幸时，只需要等待三天，一切就会恢复正常了。"不过需要说明的是，等待并不等于优柔寡断，而是指善于耐心等待新的机遇。当新的机会来临时，那你一定要当机立断，果敢地抓住而不是让它失掉，这样才会给你带来新希望。因此千万别小看等待，等待也是一门学问，如果我们没有学会等待成功，那么，我们也许就会和成功失之交臂；如果我们不知道成功还需要我们等待，我们也许会心浮气躁，造成功亏一篑的遗憾。

　　生活中的智者往往都懂得耐心等待成功。所谓"五湖明月在，渔歌会有时！"如果你是一片明净的湖水，那鱼儿迟早会游来伴你；如果你是一片明净的蓝天，那雄鹰迟早会向你飞去！只要我们心地澄明，只要我们惟善为宝，只要我们努力且耐心的等待。耐心是成功的磨刀石，同样也是助我们成功的法宝。

第三章　好心态才有好生活

人的生活并非只是一种无奈，而是可以由自身主观努力去把握和调控的，心态的好坏必然导致对事情看法的不同。心情好，觉得天也蓝，地也宽；心情坏，觉得到处都是灰蒙蒙的一片。人的一生并非听天由命，而是由心态来控制，而你就是心态真正的主人。因此，你的生活由你自己选择，也是由你自己创造的！

1.命运不是任何人安排的

命运并不是任何人都可以安排控制的，包括上帝在内。自己的命运掌握在自己手中，自己命运的好坏只有自己去创造，只要我们不懈地努力和争取，就一定可以实现自己心中的梦想。

一位父亲带着儿子去参观梵高故居，当他们看过那双裂了口的皮鞋之后，儿子问父亲："梵高不是百万富翁吗？怎么穿这么破旧的鞋子呀？"父亲回答："在梵高成名前他只是个连妻子都没有娶上的穷人。"第二年，这位父亲又带着儿子去丹麦参观安徒生的故居。在安徒生的故居前，儿子又困惑的问："爸爸，安徒生他就生活在这个阁楼里？"父亲回答："安徒生是位著名的作家，在他成名前是一位贫穷的鞋匠的儿子。"这位父亲是个黑人水手，他每年都来往于大西洋各个港口之间。这位父亲的儿子便是美国历史上第一位获普利策奖的黑人记者。20年后，在回忆起童年时代的这段经历时，这位名记者说道："那时我们家很贫穷，父母靠卖苦力为生。有很长一段时间，我一直认为像我们这种出身和地位的黑人，是不可能有什么出息的。好在我有一位好父亲，是他让我认识了梵高和安徒生。这两个人的经历告诉我：上帝没有这个意思。最后我成功了。"

通过名记者的故事，我们可以看出自己的命运只有靠自己去把握，去创造，我们无法改变人生扭转命运，但至少我们可以改变自

己的人生规划；我们无法改变别人，但我们至少可以改变自己。换一份心情，变一种态度，转一个角度，你就会恍然大悟：一切原来都是自己的心态在作怪，命运其实一直都是在随着自己的意念走。

我们知道人一直都是这个世界上独一无二的个体。也许一个人有些地方与别人相似，但他仍是无人可取代的，他的一言一行都包含着自己的个性。做自己的主人，拥有自己的思维，支配自己的言行，珍惜自己的情感，享受自己的生活。创造自己的成功，承受自己的失败。因为主宰了自己，所以更能深刻地了解自己。由于接受了自己，所以从内心里也就更加喜欢自己，进而你也会尽全力将自己最好的一面呈现给你周围的每一个人，乃至整个世界。

然而，在生活中，往往有很多人都不能正确地看待发生在自己身上的事情，更不会从正确的角度去审视自己，他们不懂得如何做自己命运的主人，常常盲目跟随潮流，到最后也只能加入到失败者的行列中去。

有这样一则幽默的小故事，说是一对住在乡下的父子带着家里的一头驴子要到城里去卖。一开始父子俩牵着这头驴子一起走路。走着走着，就听到有人说："哈哈！你看，这里有两个大憨呆，有驴子不骑，竟然走路。"父子俩听了觉得很有道理，爸爸就叫儿子骑着驴子，自己走路。走着走着，又听到人家说了："你看你看，这个不孝子，竟然自己骑驴，叫自己父亲走路。"于是，他们就换过来，这次换爸爸骑驴，儿子走路。走着走着，又听到人家说了："天啊！竟然有这样的父亲，自己骑着驴子享受，却叫儿子走路。"父子俩听了，觉得很为难，不知怎么办才好？想了好久，终于想到一个好方法了。这个好方法就是，两个人一起骑着驴子进城。他们想这一次一定没有问题了。两个人就很放心地骑着驴子，走着走着，又有人说话了："你看你看，这两个人真可恶，两个人加起来那么重，竟然骑一只小驴子，真是虐待动物。"父子俩听了，赶紧下来，一起抬着驴子走。

看完这个故事想必大家都会笑这父子俩的愚昧无知，但也正是他们的愚昧告诉了我们这样一个道理：无论你是一个什么样的人，都要做好自己，做自己命运的主人。另外，还需特别注意的一点就是，要想成为自己命运的主人，就必须有一个坚定的信念，因为信念是支持一个人生存的基本力量，如果没有信念和力量，那么成为自己命运的主人的想法就是一场空谈。

IBM 的前董事长郭世纳，曾经是一名纨绔子弟，由于害怕经营不好，去当兵逃避生活。20 多岁时，父亲去世后，让他去接任董事长职务，他非常担心自己不能胜任，临行前，他问他最崇拜的将军："你看，我能行吗？"将军对他说："你一定行，你是我见过的最有经商天赋的年轻人。难道你不相信我，我一生阅人无数，从来没有失败过。"听完将军的话，他感觉自己有种成功的冲动，后来，他真的成为了 IBM 最出色的领导人。

人的一生中，每个人的命运都是不凡的。但只有通过自己的积极努力，才能改变命运。命运是掌握在你自己手中的，做自己命运的主人，做自己想做的人。

在一次火灾事故中，消防员从废墟里找出了一对孪生兄弟——波斯和嘉利，他们是此次火灾中仅生存下来的两个人。

兄弟俩很快被送往当地的一家医院，虽然俩人死里逃生，但大火已把他俩烧得面目全非。"多么帅的俩个小伙子！"医生为兄弟俩惋惜。

在医院里，波斯整天唉声叹气，"自己成了这个样子以后还怎么出去见人，还怎么养活自己……"波斯对生活失去了信心，他总是自暴自弃的说："与其赖活着，还不如死了算了。"嘉利努力地劝波斯："这次大火只有我们两人得救，因此我们的生命显得尤为珍贵，我们的生活最有意义。"

兄弟俩出院后，波斯最终因忍受不了别人的讥讽就偷偷地服了安眠药离开了人世，而嘉利却艰难地生存了下来。无论遇到多大的

冷嘲热讽，嘉利都咬紧牙关挺了过来，并一次次地暗自提醒自己：
"我生命的价值比谁都高贵。"

有一天，嘉利像往常一样送一车棉絮去加州，天空下着雨，路
很滑，车开得很慢。此时嘉利发现不远处的桥上站着一个人，他紧
急刹车，车滑进了路边的一条小沟。嘉利还没有靠近年轻人的时
候，年轻人已经跳下了河。嘉利跳下河救起了年轻人。

嘉利救的这个年轻人竟是亿万富翁，富翁很感激嘉利，便和嘉
利一起干起了事业。

嘉利从一个积蓄不足十万元的司机，成为了一个拥有 3.2 亿元
的资产运输公司的老板。几年后医术得到了大大的提升，嘉利用挣
来的钱修整好了自己的面容。

在人生旅途中，人人都会遭遇到不同的厄运，主客观条件的综
合作用决定了人的不同命运。但命运不是不可以改变的。厄运可以
摆脱，幸运也可以失去。这里的关键就在于你要把自己的命运掌握
在自己手中，做命运的主人。当你身处顺境时，切记不要骄傲，不
要忽视顺境的不利条件。一时的幸运不是一生的幸运，应当充分利
用有利时机继续创造更美好的生活。当你身处逆境时，不要惊慌失
措，垂头丧气。首先思想上要做好应付逆境的准备，在心理上才能
平衡，与命运之神作战。同时要建立战胜厄运的勇气，这样你才能
获得战胜厄运的力量，才能真正掌控自己的命运。

"……把握生命里的每一分钟，全力以赴我们心中的梦，不经
历风雨怎能见彩虹？没有人能随随便便成功……"这首《真心英
雄》正是在告诉我们，要想完成我们心中的梦想，要想拥有一个辉
煌的人生，就要不怕困难，勇往直前，与命运作斗争，掌控命运，
总有一天你会看到属于自己的那片彩虹的。

谈及命运，可以说命运对于海伦·凯勒来说，实在是太不公
平了。她看不见五彩缤纷的世界，听不到悦耳动听的歌声，但她
并没有因此而向命运低头，而是勇敢地向命运挑战，终于获得了

成功。

现实中，人的一生不可能都是一帆风顺的，总要经历各种各样的磨难，承受这样那样的痛苦。但不管怎样，只要信念不垮，意志不衰，身体的残疾不是障碍；只要自强不息、奋发向上，做自己命运的主人，仍能做出令自己和别人吃惊的成绩。

洪战辉——这个响亮的名字传遍了中国。他被人们赞誉为"震撼心灵的榜样""新时代的道德偶像"。

洪战辉12岁那年，家庭遭受了重大灾难：一向慈祥的父亲突发间歇性精神病，饱受伤痛的母亲不辞而别，母亲离家出走的困难日子里，洪战辉把捡来的"弃婴"妹妹一手带大。从读高中起，洪战辉一直把妹妹带在身边，一边读书一边照顾年幼的妹妹，靠做点小生意和打零工维持生活，如今已经整整12年。12年来，洪战辉战胜了常人难以想像的困难，想尽了一切办法，使生活和学业得以正常延续。他的自强不息和昂扬向上，他的意志和勇气，他的生活经历留给我们深深的思考。

我们的生活是丰富多彩的，但我们人生之路却不是一路都宽广平坦的。鲁迅说："走'人生'的长途，最易遇到两大难关，其一是'歧路'……其二便是'穷途'了。"在人生的道路上不仅仅会遇到"歧路"和"穷途"，还会碰到曲折和坎坷。而人们总是富于幻想，把生活想得太简单。其实，生活本来就是一部教科书，要领悟其中的奥妙是要下一番功夫的。是好汉还是懦夫，是强者还是弱者，每一个人都要用行动做出抉择和回答。"自己无法选择命运，但可以改变命运"，这也正如洪战辉一样，他乐观而又顽强地与命运抗争，最后赢得了世人的尊敬！

在生活中，我们常常可以看到这样两种截然不同的人，一种人始终保持着朝气蓬勃的斗志，遇到困难、挫折，就不屈不挠地去战胜，他们从不怨天尤人，从不灰心丧气，他们是那么顽强，那么坚韧，一旦认定了正确的方向，就坚定不移地勇往直前，直到生命的终

点。另一种人则是无所作为，安于现状，不求进取，贪图享受，惧怕艰难，顺利时趾高气扬，逆境时垂头丧气、停滞不前。洪战辉便是前一种人的典型写照，洪战辉的经历告诉我们：路就在自己的脚下，走什么样的路、有什么样的命运，完全靠自己去抉择、去创造。

人生路上，我们成不了洪战辉，但我们完全可以做一个"主宰自己命运的人"。要记住，有什么样的人生，关键在于自己是否把命运掌握在自己手中。

贝多芬在音乐上的地位和贡献——集古典派之大成，开浪漫派之先河。是音乐史上"继往开来"的人物，有"乐圣"的称号。但蜚声乐坛的第九交响乐等等作品，竟是他在耳聋得听不见大型交响乐队演奏声的时候创作出来的。

原苏联拓扑学家邦得列雅金，从小对化学方面的东西很感兴趣。但命运似乎和他作对，14 岁时，他在一次化学实验课的事故中被炸瞎了双眼，这对他来说是多么大的摧残。但他热爱科学，用顽强的毅力在困苦中探索进击，最终成为世界著名的数学家。

奥斯特洛夫斯基，是我国读者非常熟悉的传奇式英雄。他笔下的保尔·柯察金曾鼓舞过一代一代的青年为人类自由幸福而奋斗，可令人惊叹的是，他的《钢铁是怎样炼成的》这部作品，是他在全身瘫痪、双目失明的情况下，用特制的字格框着写出来的。

还有，被人们誉为"短篇小说巨匠"的俄罗斯作家契可夫，一生都在和严重的肺病做斗争。美国诗人密尔顿，双目失明后写出了《失乐园》及其续篇《复乐园》。

……

卓越的人，在悲惨的遭遇里百折不挠。因为他们坚信，自己所追求和献身的事业，能让他们的生命绽放出奇异的光彩，能给自己和人类带来欢乐、智慧和力量。

俗话说："失败乃成功之母。"许多人都是在经历了挫折之后才取得成功的。我们不应该屈服于命运的安排，而应该把握眼前所拥有的一切，去面对生活。命运就掌握在自己的手中！

一个平庸的人带着对命运的疑惑去拜访一个禅师，他向禅师问道："您说真的有命运吗？"禅师回答："有的。"平庸者问："但是我的命运在哪里呢？"禅师让他伸出左手，指给他看："看清楚了吗？这条横线叫做爱情线，这条斜线叫做事业线，另外一条竖线就是生命线。"禅师又让他将手慢慢地握起来，握得紧紧的。禅师问："现在你说这几根线在哪里？"平庸者迷惑地答道："当然是在我的手里了。"禅师微笑着点点道："嗯，自己的命运不在天不在地，更不在别人手里，而是被你紧紧地握在自己的手中。"

是啊，命运就握在我们自己的手中，没有人可以改变，能改变你命运的人也只有你自己。所以要想改变命运，要想取得成功，就必须伸出双手，辨清人生目标，然后努力去改变它，改变命运，相信你也可以像那些成功者一样成为主宰自己命运的主人的！

2.贫困是一所最好的大学

生活中，我们不难发现这样一种现象：有的人生来就贫穷，有的人生来就拥有数不胜数的钱财。或许这些在我们看来似乎是上帝的不公，其实不然，贫穷者不一定注定一辈子都贫穷，而那些拥有大量的财富者也不一定一辈子都雍容华贵。贫穷可以培养一个人艰

苦朴素的习惯；贫穷可以让一个人磨练出坚忍不拔的意志；贫穷可以让人充分享受"苦"的乐趣，从而苦尽甘来，你会发现别有一番情趣。

如果把人生比作贝多芬的《命运交响乐》的话，那么贫穷便是这最强音——震撼人心，催人奋发。贫穷是老师，它教会你如何生存；贫穷是压力，它会使你的脊梁更硬。因此我们要感谢贫穷，因为它是你一生当中一所最好的学校，它让我们在人生的道路上尝遍艰辛的同时也没有忘记前方的路。贫穷好像运动器械，可以锻炼人，使人体格强健，所以，不要惧怕暂时的贫穷，贫穷是我们成就事业最有利的基础。

翻开古今中外的历史画卷，你会发现，有很多成功者他们都是经过贫穷的磨练才取得成功的。

在美国路易斯安那州一个贫困的黑人家庭中有一个小男孩儿名叫福勒，他在 5 岁时就开始劳动。福勒的大多数伙伴都是佃农的孩子，他们很早就参加劳动。这些家庭认为贫穷是上天的安排，因此，他们并不要求去改善自己的生活。

小福勒与其他小朋友的不同之处就在于：他有一位不平常的母亲，母亲不肯接受这种仅够糊口的生活。她时常对小福勒说："福勒，我们不应该贫穷。我不愿意听到你说：我们的贫穷是上帝的意愿。我们的贫穷不是上帝的缘故，而是因为你的父亲从来就没有产生过致富的愿望。我们家庭中的任何人都没有产生过将来要出人头地的想法。"

"贫穷是因为没有人产生过致富的愿望"，这个观念在福勒的心灵深处刻下深深的烙印，以至改变了他整个一生。他决定把经商作为生财的一条捷径，最后他选定经营肥皂。当他的目标确定后，他这一干就是 12 年。

后来当他得知供应肥皂的那个公司即将拍卖出售。福勒很想将它买下，他依靠自己在多年经营活动中树立的良好信誉，从朋友那里借了一些钱，又从投资集团那里得到了帮助，筹集到 11.5 万美元，但还差 1 万美元。当他漫无目的地走过几个街区后，看到一家承包商事务所的房子里还有光亮。福勒走了进去，福勒对写字台后面一个因深夜工作而疲惫不堪的人说道："你想挣 1000 美元吗？"话一出口，那人倾刻间清醒过来，猛地站起身说："想，当然想。"

"那么，请你给我开一张 1 万美元的支票，当我还这笔借款的时候，将另付出 1000 美元利息给你。"在福勒离开这家事务所时，他的口袋里已经多了一张 1 万美元的支票。

此后，他不仅得到那家肥皂公司，而且还在其他 7 个公司和一家报馆取得了控股权。当有人与他一起探讨成功之道时，他就用母亲多年以前所说的那句话回答："我们是贫穷的，但这并不是上帝的原因，而是我们从来没有想过要致富。"

确实如此，我们每个人都无法决定自己生活环境的贫富，有的人生在一个富裕的家庭里，而有的人却生在一个贫穷的家庭，这些都是我们无法改变的，但我们要明白，贫穷并不意味着一辈子都是贫穷的，我们自己可以凭着后天的努力，用劳动创造财富，改变目前的贫穷。贫穷本是困厄人生的东西，但经由奋斗而脱离贫穷，便是无上的快乐。两度出任美国总统的格鲁夫·克利夫兰起初也不过是个穷苦的店员，每年仅能得到微薄的工资，他后来说："的确，极度贫困能使人全力地去为之奋斗。"正因为他们把贫穷当作成功的动力，所以他们成功了。因此面对贫穷时，我们不应该埋怨，应调整心态，学着接受和面对。因为贫困，向上进取的动力应更强；因为贫困，我们更要克服眼前暂时的困难，不断学习先进的科学文化知识来改变自己的处境。而改变贫穷变得富有需要经过后天努力。我们应该把自己贫穷的家庭看作资本，去创造财富，改变现状。

我国著名的生物学家童第周，在他小的时候因为贫穷，所以他更懂得时间的宝贵，知识的重要，他才可以去刻苦学习，最终走上了成功之路。

童第周从小就爱学习，但因为家庭贫困交不起学费，所以他只能在家帮父母种地，只是在农闲时才跟父亲认一些字，这么一点机会对他来说，已经很难得了，所以，每次在父亲教他的时候，他都认真地学会。他在 17 岁那年，才好不容易考进了宁波师范学校的预科班，对于这次来之不易的学习机会，童第周特别珍惜。可是，这所学校里所学的数、理、化和英语，童第周在以前根本就没有学过，所以他学习起来特别吃力。

他这个从乡村来的穷孩子第一次走进教室的时候，就看到有同学在对他指指划划，其中还有人不屑地说："我敢说，他在这儿不出三个月，就得回家种地去！"这句话像钢针一样，刺痛了童第周的心。为了改变同学的这个观念，为了自己的求学梦想，童第周更加刻苦学习了。

但由于他的基础知识太差了，在第一学期期末考试结束的时候，他的平均分数只有 45 分。按照学校的规定，平均成绩不及格的人，只有两条路可走——退学或留级。退学是肯定不可能的，留级呢？童第周也不甘心，因为他现在就比同班同学大好几岁。

他鼓起勇气去找老师，老师摇着头说："这是学校里的规定，是不可以改变的。"他又硬着头皮去恳求校长："校长，您就让我跟着上吧，我一定会赶上去的，我向您保证。"在他的苦苦哀求下，校长终于答应了："好吧，那你就试一试，不过半年以后你必须出成绩。"

没等校长说完，童第周就激动地抢着说："校长，您放心吧，我一定会拿出好成绩的。"他发现早上头脑比较清醒，记单词的效果比任何时候都好。所以从那天开始，他每天早晨五点准时起床，在幽静昏黄的路灯下，认真地阅读着英语教材，苦苦地背诵这像天书一样的英语单词。

学校规定每天晚上九点半钟的时候必须熄灯。为了抓紧时间学习，童第周总是等其他同学睡下之后，又拿起书本和笔记，悄悄地溜到路灯下，温习当天所学的功课。

在他的努力下，他的学习成绩突飞猛进。在第二学期的考试成绩出来时，他的平均分超出了 70 分，而且几何还得了满分。

这件事情使童第周悟出了一个道理：别人能办到的事，自己也一样能够办到，只要自己足够努力，能够坚持不懈地利用一切可以利用的时间，自己就会取得优异的成绩。在这个世界上，根本没有天才，天才都是用勤奋换来的。

后来，童第周又以优异的成绩留学比利时，致力于实验胚胎学的研究，并在留学期间取得了累累硕果，最终成为世界知名的生物学家。

贫穷不是福，但它也不是祸，更不是错误。贫穷只是现实中的一种存在，因为是现实的存在，它既有合理的一面，也有不合理的一面，当然我们并不因为其合理性而逆来顺受，也不能因为其不合理而误入极端，通过非理性的举动改变贫穷。身在贫穷之中，正如苦难一样，要懂得珍惜。把贫穷与苦难视为精神资源，需要在平常中感悟非常，凭借心灵的力量，超越物质困顿，追求精神富有，拓展精神领域的空间，然后再去实现物质上的满足。

高尔基曾说过："贫困是一所最好的大学。"在现实生活中，不难发现，那些贫穷的人往往能够锻炼出非凡的能力。能力是抗拒困难的结果，生长于奢侈之中，自小被溺爱的青年，是很少有大本领的。比较起来，富家子弟像温室里的小树苗，而穷人家的孩子饱受风吹雨打，更容易长成高大的松树。

贫穷是一把双刃剑。它在用寒冷、饥饿肆虐地摧残着穷人身体的同时，又在鞭策着穷人奋力向前，摆脱困境。而穷人不断拼搏，不怕吃苦的意志是在这种奋力前行中形成，成为人生中最宝贵的精神财富。这种财富，对于许多不知人间冷暖，不谙世事艰辛的"富人"来说，是难以拥有的。

1950年，韩国有一个15岁男孩儿，接连不断的战争带走了他童年生活中的快乐和无忧，贫穷成了他生活的主题。

为了生存，他卖过冰棍，卖过萝卜，但还是难以维系温饱，于是他又开始了卖报生涯。他卖报纸用力、又用心。他发现，仁川市场的北方人，更愿从报纸上了解北方的战况，因而报纸更好卖，并且他是先发报纸再取钱，这也是他与其他卖报童的区别。

一年过后，他成了无人不知的报童，并且成了一名卖报的领班。他一方面向其他报童收取领班费，另一方面自己也卖报，拥有双份收入。1956年，他考取了延世大学商学院经济系，24岁以优异成绩大学毕业。后来他成了韩国第46位拥有200亿资产的企业总裁，他就是韩国大宇集团董事长金宇中。他在回忆童年的生活时说，既有酸楚，也有自豪，他称自己是一位贫困而不凡的少年商人。

美丽娇贵的鲜花通常长在肥沃的土地中，但枝拂天堂的大树却生长在岩缝中。我们感恩贫困，因为它在我们遭受饥寒交迫的同时，也赋予我们乐观与坚强，而这正是迎接幸福与未来的希望。卡耐基说过："一个年轻人最大的财富莫过于出生于贫穷之家。"所以，我们要把自己贫穷的家庭看作资本，来改变贫穷的家庭，从而创造出自己的财富。

贫穷虽然不能给人带来任何利益，但能磨炼我们的品性与意志，我们可以通过战胜贫穷来冲破生活的一切困境与阻力，从而打开一条通往成功之路。

3.做人要心怀感恩

哲人说，世界上最大的悲剧和不幸就是一个人大言不惭地说，"世上没人给过我任何东西，没有人为我做过一件事。"

一次美国前总统罗斯福家失盗，被偷去了许多东西。一位朋友闻讯后，忙写信安慰他，劝他不要太在意。没想到罗斯福在回信中写道："谢谢你来信安慰我。亲爱的朋友，我现在很平安，感谢上帝：第一，贼偷去的是我的东西，而没有伤害我的生命；第二，贼只偷走了部分东西，而不是全部；第三，最值得庆幸的是：做贼的是他，而不是我。"失盗对于我们任何一个人来说，绝对不是一件值得庆幸的事，而罗斯福总统却找出了感恩的三条理由。因为对生活充满了感恩之心，所以他的人生是充实而快乐的。

与之相似的有一则经典笑话：有一根木棍落在一个老人头上，头破了，但这位老人捡起木棍，看到另一面有钉子，心里暗自庆幸：我很幸运，有钉子的一面没有落在我的头上。

的确，当灾难降临到我们身上时，怨天尤人是无济于事的，我们惟一能做的就是从不幸中寻找快乐，从不幸中学会感恩，因为感恩是一种处世哲学，是生活中的大智慧。人生在世，不可能一帆风顺，种种失败、无奈都需要我们勇敢地面对、豁达地处理。这时，是一味地埋怨生活，从此变得消沉、萎靡不振？还是对生活满怀感恩，跌倒了再爬起来？英国作家萨克雷说："生活就是一面镜子，

你笑，它也笑；你哭，它也哭。"感恩不纯粹是一种心理安慰，也不是对现实的逃避，更不是阿Q的精神胜利法。感恩，是一种歌唱生活的方式，它来自对生活的爱与希望；感恩更是回馈我们的健康，回馈拥有的食物，拥有的安定家庭，稳定收入的最好的礼物。

有一颗感恩的心，才懂得珍惜，才会快乐。仔细发掘吧，生活中总有值得感恩的一切，不要责怪现实给予我们太少，问询一下我们的心，是不是自己向现实要的太多，要得太理所当然了，忘记了得到的快乐，忘记了感恩。

古人说得好："滴水之恩，当涌泉相报。"感恩，不一定非得是那种惊天地泣鬼神的大事，感恩是一种生活态度，它是一种善于发现生活中的感动，并能享受这一感动的思想境界。

有一个贫穷的小男孩儿，他为了攒足学费上学，正挨家挨户地推销商品。劳累了一整天后他感到非常饥饿，可他却没有钱去吃饭。怎么办？他决定向下一户人家讨口饭吃。当一位年轻的女孩打开房门时，这个小男孩却有点不知所措了。他没有要饭，只向女孩乞求给他一口水喝。年轻女孩看到他饥饿的样子，就拿了一大杯牛奶给他。男孩儿一口气将整杯牛奶喝完后问女孩："我应该付多少钱？"女孩回答道："一分钱也不用付。妈妈教导我们，施以爱心，不图回报。"男孩儿说："要是这样的话，就请接受我由衷的感谢吧！"当男孩儿离开这户人家时，他不仅感到自己浑身是劲，而且还仿佛看到上帝正朝着他点头微笑，那种男子汉的豪壮气脉像山洪一样从男孩儿心底迸发出来。其实，在此之前男孩原本是打算退学的。

很多年过去了，当初那位年轻的女孩子得了一种罕见的病，当地的医生都没有办法治疗这种病。最后，她被转到大城市由专家会诊治疗。而当年的那个小男孩儿如今已是大名鼎鼎的霍华德·凯利医生，巧的是女孩的治疗方案他也参与在内。当他看到病历上所写的病人来历时，一个奇怪的念头霎时闪过他的脑际，他马上起身直奔病房。来到病房前，他一眼就认出床上躺着的病人正是当年给他一杯牛奶的女孩。

回到办公室后，凯利医生决心一定要竭尽所能来治好恩人的病。从那天起，他给予了这个病人特别的关照。经过艰辛努力，手术终于成功地完成。凯利要求把医药费通知单送到他那里，在通知单的旁边，他签下了自己的名字。

当工作人员把医药费通知单送到这位女病人的手中时，她不敢看，因为她知道治病的费用一定会是一个天文数字，将会花去她的全部家当。最后，她还是鼓起勇气，翻开了医药费的通知单，她看到通知单上写着：医药费——一满杯牛奶，霍华德·凯利医生。

"谁言寸草心，报得三春晖"；"谁知盘中餐，粒粒皆辛苦"；"衔环结草，以报恩德"讲的就是感恩。感恩是认定别人帮助的价值，从而达到彼此感情交流的一种有效手段，当别人为你做某些事情后，你应该表示感谢，当别人给予你关心、安慰、祝贺、指导以及馈赠时，你应该表示感谢，别人为你做事而未成功，但那份情意也值得你感谢。

没有阳光，万物就不能生长；没有雨露，就不能五谷丰登；没有水源，就没有生命；没有父母，就没有我们自己；没有亲情、友情和爱情，世界就会是一片孤独和冷清。所以，我们要感恩，感恩，是人生的最大智慧；感恩，是人性的一大美德。常怀感恩之心，我们便能够无时无刻地不感受到家庭的幸福和生活的快乐。在感恩的世界里，我们还会时时提醒自己：滴水之恩，当涌泉相报！

生活中，感恩是快乐工作之源，所以我们对工作要心怀感恩之心，因为工作为你展示了广阔的发展空间，工作为你提供了施展才华的舞台。工作中心怀感恩，我们会更加忠诚敬业。就像余秋雨所说的："工作的追求，情感的冲撞，进取的热情，可以隐匿却不可以贫乏，可以超然而不可以清淡。"勤奋工作是员工忠诚职业的重要表现，在工作中尽心尽力、积极进取，始终保持一种尽善尽美的工作态度，满怀希望和热情朝着自己的目标而努力，就能够获得丰富

的经验，就能够提升个人的能力，同时离成功也就更近了一步。

心怀感恩之心不仅有利于工作，对个人而言，感恩更是一种心理素质，只有心理素质高的人才会有深刻的心理感受，心怀感恩能够增强个人魅力，发挥个人潜能。感恩也像其他优秀的品格一样，是一种习惯和态度。时常怀有感恩之心，你会变得更谦和、可敬及更加高尚。因此，你不妨每天都用几分钟时间，为自己能有的幸福而感恩，为自己能遇到一位好上司或好同事而心怀感恩之心。

做人要有感恩之心，并且感恩之心要是自觉的、绝对的、纯粹的。真正的感恩应该是发自内心的，而不是虚情假意。感恩不是溜须拍马，感恩是自然的情感流露，是不求回报的。一些人从内心深处感激自己的上司，但是由于怕说不好，所以将感激之情隐藏在心中，甚至刻意地躲避上司，以表自己的清白。这种做法既幼稚又可笑。如果我们能从内心深处体会到，正是因为上司的谆谆教诲才使自己有所进步，我们又何必担心那些呢？

史蒂文斯失业了，一切来得那么突然。一个程序员，在软件公司干了8年，他一直以为将在这里做到退休，然后拿着优厚的退休金颐养天年。然而，这一年公司倒闭了。

史蒂文斯的第三个儿子刚刚降生，他感谢上帝的恩赐，同时意识到，重新工作迫在眉睫。作为丈夫和父亲，自己存在的最大意义，就是让妻子和孩子们过得更好。

他的生活开始凌乱不堪，每天的任务就是找工作。一个月过去了，他没找到工作。除了编程，他一无所长。

终于，他在报上看到一家软件公司要招聘程序员，待遇不错。史蒂文斯揣着资料，满怀希望地赶到公司。应聘的人数超乎想像，很明显，竞争将会异常激烈。经过简单交谈，公司通知他一个星期后参加笔试。

凭着过硬的专业知识，笔试中，史蒂文斯轻松过关，两天后面试。他对自己8年的工作经验无比自信，坚信面试不会有太大的麻烦。然而，考官的问题是关于软件业未来的发展方向，这些问题，他竟从未认真思考过。

史蒂文斯觉得公司对软件业的理解，令他耳目一新，虽然应聘失败，可他感觉收获不小，有必要给公司写封信，以表感谢之情。于是立即提笔写道："贵公司花费人力、物力，为我提供了笔试、面试的机会。虽然落聘，但通过应聘使我大长见识，获益匪浅。感谢你们为之付出的劳动，谢谢！"

这是一封与众不同的信，落聘的人没有不满，毫无怨言，竟然还给公司写来感谢信，真是闻所未闻。这封信被层层上递，最后送到总裁的办公室。总裁看了信后，一言不发，把它锁进抽屉。

3个月后，新年来临，史蒂文斯收到一张精美的新年贺卡，上面写着：尊敬的史蒂文斯先生，如果您愿意，请和我们共度新年。贺卡是他上次应聘的公司寄来的。原来，公司出现空缺，他们想到了史蒂文斯。

这家公司是美国微软公司，现在闻名世界。十几年后，凭着出色的业绩，史蒂文斯成了微软公司的副总裁。

以感恩的心态面对一切，包括失败，你会发现，人生其实很精彩。

西方有一个节日，叫"感恩节"。其实，"感恩"并不是西方人的专利，中国的《诗经》里珍珠般的言辞"投我以木桃，报之以琼瑶"就是中华儿女发自肺腑的感恩之声。

在人生当中，我们会遇到许许多多值得回忆和留恋的人，这其中包括亲人、爱人、同学、朋友、老师等等。这些人在我们的生命旅程中，都曾给过我们关爱，给过我们帮助，他们是我们终身值得感恩的人。

让我们怀着一颗知足之心去体察和珍惜身边的人、事、物。让我们在渐渐平淡麻木了的日子里，发现生活本是如此丰厚而富有。让我们领悟和品味命运的馈赠与生命的激情，让我们去收集在一生当中得到的如此饱满的感情，让感恩之心伴我们一生，让原本平淡的生活焕发出迷人的光彩！

4.山不过来我过去

有这样一个经典故事：有一位大师，几十年练就"移山大法"，许多年轻人慕名前来学艺。三年过去了，徒弟们却从来未能学得一句移山口诀，也未能一睹大师的移山绝技，可谓失望至极。

一天，众徒弟远望高山集体向大师提议道："我们从师多年，勤勤恳恳，师傅为何不教我们移山大法呀？"大师说："好吧，今天为师就教你们移山大法。"话音刚落，众徒雀跃。大师说："仰望高山，闭幕凝神，疾步奔走，谨听吾令！"众徒依法行事。少许，大师道："好了，请徒儿们睁眼细看，是否已经临近高山？我的移山口诀就是——山不过来，我就过去。"众徒听完先是一愣，而后又都如梦初醒，顿时响起了雷鸣般的掌声。

在追求成功的过程当中，我们十有八九不会一帆风顺，都会在前进的过程中遇到困难，遇到瓶劲，也都有"头碰南墙"的时候。"山不过来，我就过去。"这八个字振聋发聩，足以让那些整天抱怨"命运不济、世道不公、怀才不遇"的才子们汗颜。其实在生活中，有太多的事情就像大山一样是我们无法改变的。至少是我们暂时无法改变的。"移山大法"启示我们：如果事情无法改变，我们就改变自己。如果别人不喜欢自己，那是因为自己还不够让人喜欢；如果自己还无法说服他人，那是因为自己还不具备足够说服他人的能力，所以我们惟一能做的就是改变自己。虽然我们不能左右生命的长度，但我们可以改变生命的宽度；我们不能左右恶劣的天气，但我们可以改变自己的心情；我们不能改变自己的容貌，但我们可以改变自己的心灵。其实，我们每天都在改变自己、创造自己、超越自己。只有改变自己，我们才能达到自己追求的目标；只有改变自己，我们才能走向成功。

有这样一则寓言故事，说是有一条小河流从遥远的高山上流下来，经过了很多个村庄与森林，最后来到了沙漠地区。它想："我已经越过了重重障碍，沙漠对面就是我向往以久的大海了，这次应该也可以越过这个沙漠了吧！"

当它试着要穿过沙漠时，它发现它的河水渐渐消失在泥沙当中。它试了一次又一次，总是徒劳无功，于是它灰心了。"也许这就是我的命运了吧，我永远也到不了对面的那个浩瀚的大海了。"它颓丧而失落地自言自语道。

正当它准备停止不前时，从四周传来一阵低沉的声音，"如果微风可以跨越沙漠，那么河流一样也可以像微风一样跨越过去。"原来这是沙漠发出的声音。小河流很不服气地回答说："那是因为微风可以飞越沙漠，而我却不能。"

"你之所以不能跨越沙漠，是因为你不肯改变你原来的样子。你必须让微风带着你飞过这个沙漠，你才能到达目的地。只要你愿意放弃你现在的样子，让自己蒸发到微风中。"沙漠仍旧用它那低沉的声音幽幽地说着。

小河流从来没有听说过有这样的事情，"放弃我现在的样子，然后消失在微风中？不！不！"小河流无法接受这个刚注入到自己内心的新概念，毕竟它从未有过这样的经验，"叫我放弃自己现在的样子，那不等于是自我毁灭了吗？况且我从来没有这样做过，我怎么知道这是真的？"小河流生气而又疑惑地问道。

沙漠很有耐心地回答说："微风可以把水气包含在内，然后飘过沙漠，到了适当的地点，它就会把这些水气释放出来，于是就变成了雨水。然后这些雨水又会形成河流，继续向目标前进。"

"那我还会是原来的河流吗?"小河流问。

"嗯……可以说是，也可以说不是。"沙漠回答，"之所以这样回答你，是因为不管你是一条河流还是看不见的水蒸气，你内在的本质从来没有改变。你会坚持你是一条河流，是因为你从来不知道自己内在的本质。"

听了沙漠的话，此时在小河流的心中，隐隐约约地想起了自己在变成河流之前，似乎也是由微风带着自己，飞到内陆某座高山的半山腰，然后变成雨水落下，才形成了今日的河流。

于是小河流向沙漠说过感谢后，投入微风张开的双臂，让微风带着它，奔向它生命中期望的梦想之地。

小河流由于改变自己，最终达到了目的地。其实人生中，我们生命的历程也如小河流一样，要想改变自己的命运，要想跨越生命中的障碍，达到自己想要的成就，也需要有放下自我、改变自我的决心与勇气，这样才能克服困难，达到自己想要去的地方。这也正如英国一位国教主教所说："我年少时意气风发，踌躇满志，当时曾梦想要改变世界，但当我年事渐长，阅历增多，我发觉自己无力改变世界，于是我缩小了范围，决定先改变我的国家。但这个目标还是太大，我发觉自己还是没有这个能力。接着我步入了中年，无奈之余，我将试图改变的对象锁定在最亲密的家人身上。但上天还是不从人愿，他们个个还是维持原样。当我垂垂老矣，我终于顿悟了一些事:我应该先改变自己，用以身作则的方式影响家人。若我能先当家人的榜样，也许下一步就能改善我的国家，将来我甚至可以改造整个世界，谁知道呢?"

是啊，要想改变事情，就必须先改变自己;要让事情变得更好，就必须先让自己变得更好。一个人如果不先改变自身的失败因素，使自己成为一个有着成功条件的人，那么你就很难获得成功，更谈不上去影响别人，改变别人。人活在世上要想改变世界，改变他人，请记住在改变这些之前，首先要改变的是自己。

生活中，人们都有一个共同特性，就是渴望掌握熟悉的情感与事物。所以，有时人们总习惯固守着相同的生活、熟悉的环境、作息时间；执著于心爱的人或物，为什么会有这样的现象呢？

因为，人在面对自己不熟悉的事物时都会心存恐惧，我们害怕自己的改变会夺去我们所掌握的"确定感"（如小河流害怕变成水气后，不但达不到目的地又失去了原来的自我），因此当人一觉得有任何不确定感时，内心就本能地加以抗拒。大多数人是这样，一辈子都在这种死胡同里绕来绕去，一方面想逃脱，另一方面又害怕承受痛苦，结果把自己弄得很矛盾，折腾了一大圈又绕回到起点。改变是痛苦的，这种习惯的力量是巨大的，要改变它，就必须要付出巨大的决心。然而，不改变，就意味着放弃未来。越是怕吃苦者，就会吃一辈子苦，只有那些肯于改变现状，改变自己的人，才能改变原来的生活，才能苦尽甘来。

其实追求成功的过程就是一个理性战胜本能，克服自身惰性、缺陷，挑战自我的过程，是一个不断与自己的惰性和缺点作斗争的过程。因此，在你渴望得到成功的同时，你必须明白一个道理：只有改变自己，你才会最终改变属于自己的那个世界。山，如果不过来，那我们就自己过去吧。

有一位著名的经济学教授，凡是被他教过的学生，很少有人能够顺利拿到学分的。原因出在，教授平时不苟言笑，教学古板，分派作业既多且难，学生们不是选择逃学，就是打混摸鱼，宁可拿不到学分，也不愿多听老夫子讲一句。但这位教授可是国内首屈一指的经济学专家，叫得出名字的几位财经人才，都是他的得意门生。谁若是想在经济学这个领域内闯出一点儿名堂，首先得过了他这一关才行！

　　一天，教授身边紧跟着一名学生，二人有说有笑，惊煞了旁人。后来，就有人问那名学生说："干嘛对那种八股教授跟前跟后的巴结呀！你有一点儿骨气好不好！"那名学生回答："你们听过穆罕默德唤山的故事吗？传说伊斯兰教的先知穆罕默德，带着他的40门徒在山谷里讲道，他说：'信心'是成就任何事物的关键；也就是，人有信心，便没有不能成功的事情。一位门徒对他说：'你有信心，你能让那座山过来，让我们站在山顶吗？'穆罕默德对他的门徒满怀信心地把头一点，对山大喊一声：'山，你过来！'山谷里响起了他的回声，回声终于消失，山谷又归于宁静。大家都聚精会神地望着那座山，穆罕默德说：'山不过来，我们就过去吧！'教授就好比是那座山，而我就好比是穆罕默德，既然教授不能顺从我想要的学习方式，只好我去适应教授的授课理念。反正，我的目标是学好经济学，是要入宝山取宝，宝山不过来，我当然是自己过去喽！"

　　这名学生，果然出类拔萃，毕业后没几年，就成为金融界响当当的人物，而他的同学，都还停留在原地"唤山"呢！

　　想想我们所面对的人生，到底是唤山不来，还是我们没有主动攻击呢？

　　有一天，见到了一座山，好想走到山那边，但又感觉山太远，便企盼山能主动走过来！也许，人就是在这样那样的企盼中生活着；有一天，见到一堆财富，好像拥有，感觉路好艰辛，企盼它能自己过来！也许，成功就是在这样那样的企盼中远离；有一天，见到了一个女子，好想走到她跟前，便又感觉好累，企盼她能自己过来！也许，真感情就在这样那样的企盼中悄然而去。想见山，想成功，想邂逅那位女子……可你又不肯去改变自己，你的一生有多少次可以这样去等待呢？

　　"山不过来，我就过去"其实是一种做事风格。主动出击，挑战自我。我们的失败就在于我们花了太多的时间用在等待上。学会改变自己去适应一切，这是一种最科学的做事方法。

这种做法正如我们不能将大山移动，但我们可以移动自己一样。在我们的生活当中，有太多的"大山和小山"，需要我们去攀爬。需要我们用"山不过来，我过去"的心态去接纳。学会改变，才能绘出灿烂。有位哲人说得好：如果你不能成为大道，那就当一条小路；如果你不能成为太阳，那就当一颗星星；决定成败的不是尺寸的大小，而在于做一个最好的你。要做到最好就意味着改变，许多事情我们无法改变，但我们能够改变自己的心，改变自己的情绪。生命是自己的画板，需要自己着色，不要用一种色彩把所有的遮住。改变自己，意味着即将改变世界。山不过来，我过去。

5.不可能与可能之间的区别

有一个年轻人，想向大哲学家苏格拉底求学。一天，苏格拉底将他带到一条小河边，"扑通"一下，苏格拉底就跳到河里去了。年轻人一脸迷茫：难道大师要我学游泳？看到大师在向自己招手，年轻人也就稀里糊涂地跳到了河里。没想到，当他一跳下来，苏格拉底立即用力将他的脑袋按进水里。年轻人用力挣扎，刚一出水面，苏格拉底再次用更大的力气将他的脑袋按进水里。年轻人拼命挣扎，刚一出水面，还来不及喘气，没想到苏格拉底第三次死死地将他的脑袋按进水里……最后年轻人本能地用尽全身力气再次拼命挣扎出来。事情来得实在太突然，年轻人根本还没来得及反应，不过这次挣扎出水面，他就本能的拼命往岸上跑。爬上岸，惊魂未定，他指着还在水里的苏格拉底说：大……大大……大师，你到底想干什么？没想到，苏格拉底理都没理他，爬上岸像没事人一样就走了。陡然间，年轻人似乎在思索些什么，追上苏格拉底，虔诚地说：大师，恕我愚昧，刚才的一切我还未明白，请指点一二。此时，大师似乎觉得年轻人尚有可教的可能性，于是，停下来，对他讲了一句著名的话：年轻人，如果你想向我学知识的话，你就必须有强烈的求知欲望，就像你有强烈的求生欲望一样。

在我们生活中，每个人都渴望成功，却从未想到自己应该下决心去达到成功的地步。他们永远是等候机会跑到面前，可以随手招来，毫不费力。但是，可能吗？根本不可能有这样的事发生，一个人要想成功，就要有成功的欲望，就要有成功的决心。

心理学有一个叫"期望强度"的概念，就是说一个人在实现自己期望达成的预定目标过程中，面对各种付出与挑战所能承受的心理限度，或曰其期望的牢固程度。正像大师对年轻人的启示一样，追求成功也是如此：要成功，必须有强烈的成功欲望，就像我们有强烈的求生欲望。

有很多人期望的强度太脆弱，所以，他们才无法对抗残酷的现实或自身的缺点的挑战而只会半途而废。只有那些一定要成功的人，他们因有足够牢固的期望强度，所以能排除万难，坚持到底，永不放弃，直到成功。

100%的意愿，100%的期望强度，强烈的成功欲望，这一切都在向我们证明：是决心，而不是环境在决定我们的命运；只有决心，才最终决定成功。也只有决心，才能将不可能的事变为可能。

福特汽车公司的创始人享利·福特决定生产V-8型引擎。这是一个创造性的想法，连底特律最杰出的工程师都认为这是不可能的——"要将8只汽缸铸造成一个整体，这怎么可能呢？"但享利·福特下定决心无论如何也要生产这种引擎。他对那群一筹莫展的工程师们说："只要去做，没有什么是不可能的。"一年很快就过去了，工程师们几乎试了所有办法，就是无法攻破技术难关。他们找到福特再一次强调"这事根本不可能实现"。但福特并没有灰心，他命令工程师们继续去做。终于，奇迹出现了，他们找到了诀窍，最终设计出了 V-8 引擎。

那些平庸的人们，就是太熟悉"不可能"这个词了，总是说这不可能，那不可能。他们没有去做事的决心，认为自己这不行那不行，这样一来，就真的没了成功的可能。很多时候，不是因为有些事情难以做到，而是你没有决心和信心。只要你有决心和信心，总是以"我能行"来说服自己去做某事，相信无论做什么事都能做到。只要有成功的决心，再加上对自己的肯定，你就一定可以取得成功。

如果说梦想是成大事者的起跑线，那么，决心则是冲出起跑线时的枪声，惟有坚忍不拔的决心才能战胜任何困难。一个有决心的人，任何人都会相信他，会对他付以全部的信任；一个有决心的人，到处都会获得别人的帮助。但那种做事三心二意，没有干劲和毅力的人，没有人愿意信任他或支持他，因为大家都知道他做事不可靠，随时都会面临失败。

在人生的道路上，每个人都在追求成功。普天之下，贫富贵贱，有谁会站出来说，我不想成功，我不愿成功？但即使这样，也并不等于每一个人都能成功，因为这只是成功的自然条件，这如同人与生俱来的食色欲望一样，是人本源的部分，成功的愿望也是一样。仅此而已，并不能使自己驾驭于成功之路，试想倘若如此，恐怕世界上的每一个生理正常的人都会成功。成功，需要有为成功而去付出的决心。这时想起一句话：无志者常立志，有志者立长志。想要成功，决心是首要的条件，因为成功之路不会无缘无故地为一些好高骛远之辈、不思进取之流大开方便之门。有很多成功人士往往是经历了人生的苦辣酸甜、世态炎凉之后，才痛下决心，最终跨入成功的大门。无论你干什么事情，如果没有把它干好的决心，那么你就很难达到理想的状态。也许有人会说：我不是没有决心，但是就是不知道怎么去做。其实这是缺乏自主性的借口，你不妨随时随地询问自己：我到底想要什么？是想要，还是一定要？如果只是想要，你可能什么都得不到；如果一定要，你一定能够有方法找到。今天过什么日子，全是先前你的决心所致。

在一个小山村里，有一只老式的大肚煤炉被用作乡村校舍取暖之用。一个小男孩每天早晨提前到学校生火，在老师和学生们到来之前让房间里变得暖和一些。他是一个好孩子，他坚持每天都这样做。

可是，不幸的事发生了。一天，同学们到学校时发现校舍被熊熊烈火吞没。他们把失去知觉的小男孩从火中救出来，他已是奄奄一息了。他的下半身被严重烧伤，他们把他送往附近的一个乡村医院。被严重烧伤、神志不清的小男孩躺在床上，模糊地听到医生在对他母亲说话。医生告诉他母亲，他儿子难逃一死，这已经是老天慈悲了，因为可怕的大火已经烧坏了他的下半身，他已无药可救了。

但勇敢的小男孩并不想死，他决心活下来。不知何故，让医生惊讶不已的是，他居然活了下来。当危险期过去之后，他又听到医生对他母亲悄悄说：因为大火吞噬了他下肢的许多肌肉，他要是真死了倒没什么了，但是，他活了下来，这下注定他要做一辈子的残废人，他无法再活动他的双腿。这个勇敢的男孩再一次下定决心。他不想做一个瘸子，他要走路。但不幸的是，他腰部以下无法活动。他细瘦的双腿在那里摇摇晃晃，但没有一点知觉。

经过一段时间的治疗，他终于出院了。他的母亲每天都要为他按摩双腿，但他仍然是毫无知觉。然而他再次站起来的决心依然是那么坚定。除了在床上的时候，他就坐在一张轮椅中。在一个阳光明媚的日子，他母亲推着轮椅，让他到院子里呼吸新鲜空气。这一天，他不再坐在轮椅里，而是用自己的上身扑下轮椅，他拖着双

104

腿，在草地上爬行。他爬到院子的围栏边。他费力地抓住围栏，让自己的身体直立起来。然后，一根栏杆接着一根栏杆，他开始拉住围栏把自己向前拖，一边心中想着自己一定会走。他一心想着自己能再次走路，开始每天这样锻炼，直到院子的围栏边拖出了一条小径。最后，通过他每日按摩和钢铁般的毅力和决心，他终于能够自己站立了，接着，他可以自己摇摇晃晃地行走。后来，他可以自己跑了。他开始步行去学校，然后跑步上学，他跑步纯粹是出于那种飞跑的快乐。在大学里，他入选校田径队。后来，在麦迪逊广场花园，这个没想到会活下来、肯定无法行走、更别梦想跑步的意志坚定的年轻人，却成功了，他就是格兰·坎宁安博士。他打破了一英里的世界纪录！

有些人不敢下决心，总是顾虑很多，找很多的借口，不敢做任何改变，结果一辈子庸庸碌碌，没有任何改变。我们不能否认，下决心确实不容易，但如果你知道这个决定对你有多重要，一旦你下了决心，就会给你带来一连串的新方向、新结果，乃至新的人生。

许多人做事最终没有成功，不是因为他们能力不够或者是没有对成功的热望，而是缺乏足够坚强的决心。但是必须告诉那些试图成大事的人：仅有思考还是不够的，有了思考，同时还须有实现思考的坚强毅力和决心。如果只有思考，而不能拿出力量来实现愿望，这也是不足取的。只有那实际的思考——思考的同时辅之以艰苦的劳作、不断的努力，那思考才有巨大的价值。

在非洲的大草原上生活着羚羊和狮子。每天清晨，羚羊从睡梦中醒来，它想的第一件事就是：我必须比跑得最快的狮子还要快，否则，我就会被消灭。而狮子也同时在想：要想得到今天的美餐，我必须比跑得最快的羚羊快，否则我就会被饿死。

于是在广袤无垠的大草原上，无时无刻不在演绎着惊心动魄的生死搏杀，优胜劣汰的自然法则在这里体现得淋漓尽致。同时也寓意"决心是成功的开始"。

人要想成就一件事情，能力很有关系，能力强，相对容易些，能力差，相对困难些。但是，成就一件事，能力不是最主要的，最主要的是要有成就的决心。

人不可过高估计自己的能力，也不必低估自己的能力，只要在适合自己的范围内，就完全可以了。就像我们没有刘翔的速度，当然不必选择体育赛场，我们只要有了刘翔的毅力，就可以在适合自己的范围内干出一番事业。能力与成功不是成正比的，能力再强，没有决心，也难于成事；能力再差，有了决心，一样可以成功，勤能补拙、笨鸟先飞、天才加汗水等，都说明了决心与毅力的重要。相同的能力，拼的就是决心。

诺贝尔物理学奖的获得者杨振宁，他之所以能取得巨大的成功，主要是因为他到美国后，下定决心一定要找到世界一流的物理学家。经过一番周折，终于在1938年成为诺贝尔物理学奖得主费米和氢弹发明人泰勒的学生，也正是因为他们的影响，使得杨振宁获得诺贝尔物理学奖，取得巨大的成就。

著名医学家李时珍，他三次落榜，于是，他便下定决心从医，一生精心研究，走遍了长江、黄河流域，经过27年的精心劳动，参考了800种医书，写下了医学巨著《本草纲目》。还有台湾"杰出青年"郑丰喜生来双腿畸形，只能爬行，又出生于贫寒之家，直到12岁才入国小读书。他为了改变现状努力着，奋斗着，拼搏着，终于取得了成功——他的自传《汪洋中的一条船》出版后，引起强烈反响，再版十次。同年，又当选"十大杰出青年"。正是有了改变命运的决心，所以最后他成功了。

一个人的命运在于他的决定。成功时，加倍努力乘胜追击；业绩不好的时候，要加倍努力，请教第一名是如何成功的，下定决心比第一名做得更好。所以不只是成功的环境，事实上有很多人有成功的环境，如果他没有下定决心，那么，他离成功还是会很遥远。

一个人如果没有决心，那么还能做什么事呢？如果他只有表面的自信，却没有一点主见，那还有谁再能信任他呢？尽管他可能是一个好人，但是，每当有重大事情发生，或者正当危急的时候，也不会有人想到去请教他。因此，凡是缺少决断力，没有确切决定的人，往往失败的时候多，成功的机会少。如果一个人能够坚定自己的决心，能够把他所希望的牢牢地印在心中，然后向着这理想目标艰苦不懈地努力，那么，他一定可以排除种种的不幸与困难，而达到自己理想中的最高峰。所以说，有没有决心是一个人是否成功的关键，如果拥有一定要赢的决心，盯住自己想要的目标，就没有不成功的道理。在迈向成功的过程中，只有暂时的挫折和失利，没有永远的失败。

我们在做事的过程中，缺乏的往往就是坚持到底的"决心"。其实每个人的起跑线都是相同的，理想都是伟大的，但结果却千差万别。有的人到达终点取得成功，而有的人却半途而废。这是由每个人的决心决定的，只要你有成功的决心，你就会积极地行动，这样你才会以最快的速度取得成功。

在拼搏的道路上，无论你做什么事，都要有成功的决心，否则你会一事无成。决心是成大事的关键，只有下定决心，你才能将不可能的事变为可能，才能更快地走向成功。一个人活在这个世界上，不能没有决心，没有决心的人做什么事都不可能成功，只有决心才能使我们走向成功。

第四章 勇敢面对不可更改的事实

　　同样是水面上的波纹，不会正面思考的人，只看到悲伤的脸。反之，会正面思考的人会看到开心的笑。因此，他们活得很快乐。而你呢？

　　学会正面思考，从容地面对困境。因为，"梅花香自苦寒来"，因为有正确的人生观，所以青春无悔。与其朝花夕拾，不如带露折花。还是那一句，学会正面思考……

1.主动接受并正视任何既成的事实

人生旅途中难免有不愉快的经历，当我们无法改变现状或受到失败的打击时，我们要学会接受这种不可改变的现实。接受事实是克服任何不幸的第一步，即使我们不接受命运的安排，但也不能改变事实，我们惟一能改变的，只有自己。我们要学会接受事实，正视它，这是迈向成功的第一步。相反，仅仅跟着感觉走，会让我们在误区中越陷越深，直到难以自拔。

生活中，我们无法回避的或没有能力改变的事实，即使是怒火中烧，心急火燎，也无济于事，事实的发展是不以你的意志为转移的，它一点也不会理睬你沸腾的情绪。你的表演没有人欣赏，只是给自己徒添无名的烦恼。

在荷兰阿姆斯特丹 15 世纪的一座教堂遗迹中，有这样一句让人过目不忘的题词："事必如此，别无选择。"人在无法改变不幸或不公的厄运时，要学会接受不可改变的现实。接受事实是克服任何不幸的第一步，即使我们不接受命运的安排，也不能改变事实分毫，我们惟一能改变的，只有自己。

威廉·詹姆斯曾说："心甘情愿地接受吧！接受事实是克服任何不幸的第一步。"我们只要懂得接受生活中那些不可避免的事实，就等于已经排除了它们所带来的烦恼，也不会因为一些痛苦的理由而毁掉自己的生活。

布斯·塔金顿总是说："人生的任何事情，我都能忍受，只除了一样，就是瞎眼。那是我永远也无法忍受的。"然而，在他60多岁的时候，他的视力减退，一只眼几乎全瞎了，另一只眼也快瞎了。他最害怕的事终于发生了。对此塔金顿有什么反应呢？他自己也没想到他还能因此而非常开心，甚至还能运用他的幽默感。当那些最大的黑斑从他眼前晃过时，他却说："嘿，又是老黑斑爷爷来了，不知道今天这么好的天气，它要到哪里去？"

塔金顿完全失明后，他说："我发现我能承受我视力的丧失，就像一个人能承受别的事情一样。要是我五个感官全丧失了。我也知道我还能继续生活在我的思想里。"

为了恢复视力，塔金顿在一年之内做了12次手术，但是，他知道他无法改变或逃避已成的事实，惟一能减轻他受苦的办法就是爽爽快快地去接受它。他拒绝住在单人病房，而住进大病房，和其他病人在一起，他努力让大家开心。

动手术时他尽力让自己去想他是多么幸运：多好呀，现代科技的发展，已经能够为像人眼这么纤细的东西做手术了。

一般人如果要忍受12次以上的手术和不见天日的生活，恐怕要变成神经病了。但是，这些却教会了塔金顿如何忍受，使他了解，生命所能带给他的，没有一样是他能力所不及而不能忍受的。

其实，生命中充满了不可捉摸的变数，如果它能给我们带来快乐，当然是最好了，我们也很容易接受。但现实却往往不能如人所愿，它会给我们带来可怕的灾难。此时，我们应该学会接受它，不要让灾难主宰我们的心灵。

英王乔治五世曾说过："请教导我不要凭空妄想，或作无谓的怨叹。"哲学家叔本华曾表达过相同的想法："逆来顺受是人生的必修课。"我们在面对各种不理想的现实时，最合理的反应方式就是把注意力放在如何改变它的方向上，而不应该在这一事实是否合理上纠缠不休。如果你总是为不可改变的事实而悔恨，为未来的事情而担忧，那你就会永远生活在阴影之中。这是人一生中最有害的情绪，它不会帮你改变过去与未来，却会使你陷入惰性与悲观的泥潭，使你失去希望！

我们要学会接受现实，学会生活在现在。我们为何要去一遍又一遍地回顾往事、忧虑未来呢？无论过去的事情多么值得流连或多么令人悔恨，"过去"已经过去了，已经不存在了，此时的你，应该为未来而向前看。

话剧演员莫兰是一个乐观豁达的人，她的戏剧舞台生涯长达50多年，风靡全球。当她71岁时，突然破产了。更不幸的是，她在乘船横渡太平洋时，不小心摔了一跤，腿部的伤势严重，引起了静脉炎。

医生认为必须把腿部切除。但医生不敢把这个决定告诉莫兰，怕她忍受不了这个打击，可是他错了。莫兰注视着这位医生，平静地说："既然没有别的办法，就这么办吧。"

手术那天，她在轮椅上高声朗诵戏里的一段台词。有人问她是否在安慰自己。她回答："不，我是在安慰医生和护士，他们太辛苦了。"

她对手术门外的儿子说："在这儿等着我。"

后来，莫兰就是这样继续在世界各地演出，她又重新站在舞台上工作了七年。当人们惊诧地问她其中的秘诀时，她便笑着说："我养成了一种习惯，凡事想开点就行了。"

其实对于每个人来说，在生活中都应该习惯因势利导，因为你的生活并不一定是一帆风顺的，在面对挫折时，你要是能这么想，就不会被它吓倒了，人就成功了。

要乐于承认事实就是这样的情况，勇于接受已经发生的事情，是克服随之而来的任何不幸的第一步。

成功学大师卡耐基曾经这样说："有一次我拒不接受我遇到的一种不可改变的情况。我像个笨蛋，不断做无谓的反抗，结果带来的是无眠的夜晚，我把自己整得很惨。终于，经过一年的自我折磨，我不得不接受我无法改变的事实。"

是的，面对无法改变的现实，我们要学会接受，愚蠢的反抗只是徒增烦恼，而这种烦恼会不断地耗费我们的精力，压抑我们的思想意识，使我们看不到前进的方向。如果我们学会接受这种事实，放弃无谓的坚持，我们的人生会更富有弹性。

许多残酷的事实，我们是无法逃避和无所选择的，抗拒不但可能毁了自己的生活，而且也许会使自己精神崩溃。因此，人在无法改变不公和不幸的厄运时，要学会接受它、适应它。面对现实中的挫折，知发奋而后自强；面对现实中的错误，知改进而后自新；面对现实中的成功，知幽思而后自励；面对别人的现实可以知是非，面对自己的现实，可以知得失。

俗话说："月有阴晴圆缺，人有旦夕祸福。"在有生之年，我们势必遇到许多不快的经历，它们是无法逃避的，也是我们难以选择的。我们只能接受不可避免的事实来自我调整，抗拒不但可能毁了自己的生活，而且也许会使自己精神崩溃。

洛斯小时候和几个朋友在密苏里州的老木屋顶上玩。洛斯爬上屋顶，然后跳下来，他的左手食指戴着一枚戒指，钩在钉子上，扯断了他的手指。洛斯尖声大叫，非常惊恐，他想到他可能会死掉。但等手指的伤好了以后，他再也没有为它操过心。有什么用？他已经接受了这一不可改变的事实。

有一次，当洛斯在纽约市中心一座办公大楼的电梯里遇到一位女士，洛斯注意到这位女士的左臂都没有了。洛斯问她缺了那只手是否觉得难过，那位女士说："噢！不会，我根本就不会想到它。我只有在穿针引线时觉得不便。"

接受现实，并不等于就拒绝面对，而是要接受不可避免的事实，只有如此，才能在人生的道路上接受所有的不幸。只要有任何可以挽救的机会，我们就应该奋斗。但是，当我们发现情势已不能挽回时，我们最好就不要再思前想后。

哥拉家城有着繁华的街市，人潮拥挤的商业区。然而，一场不幸的大火却将这座繁华的城市最繁华的一条商业街毁于一旦。大火摧毁了数以万计的商铺、成千上万的房屋，这条街上所有的一切转眼间都化为乌有。

有一个商人，他在这条街上开了一家很大的珠宝店，苦心经营了大半辈子，并在前一阵子购进了很多珠宝。珠宝商人如此不动声色让所有人都感到难以置信，并敬佩不已。更让人困惑的是，他随后就令人从外地购进了大量的木材、水泥、钢铁、砖瓦等建筑用材。当这些材料堆积如山的时候，他更加沉静了。每天只顾着品茶、饮酒、逍遥自在。就好像大火与自己没有一点关系，而他的珠宝店就好像仍然存在，丝毫不影响他的正常生活。

在消防队员的努力下这场大火终于被扑灭，而这一整条商业街却一片狼藉，几乎已经认不出原来的位置是哪里了。街上的商家个个都沮丧不已，清点着自己所损失的东西。没有过多久，建筑工程就在这条街迅速展开，珠宝商人的建筑材料卖得特别快，供不应求，价格暴涨。

这位商人的获利远远大于他在这场事故中所丧失的珠宝店。商人的沉着、冷静、处变不惊固然令人敬佩，但是更令人赞叹的却是他勇于接受不可改变的事实并且从中发现弥补的契机。

灾难，在智者面前是成长的机遇，而在懦夫面前却是致命的打击，我们每个人都要学会这个道理，那就是我们只有接受并顺应不可改变的事实。

当然，现实不可能像我们想像得那样完美。如果某些事还有一点点挽救的机会，那么，我们就要努力奋斗，倘若一些事不可避免，也不会再有任何转机的时候，我们就要保持我们的理智，不要庸人自扰了。

面对不可避免的事实，诗人惠特曼这样说："让我们学着像树

木一样顺其自然，面对黑夜、风暴、饥饿、意外等挫折。"这不是逆来顺受，也不是不思进取，而是一种积极的人生态度。敞开心扉去面对现实，你的生命将会更灿烂，更美好！也愿所有人的心都能感受到阳光般的温暖，嗅到阳光的味道！听到大海的呼啸……让美好的记忆伴随着你度过每一天！

总之，不要为我们所不能改变的事情而忧虑。对不可避免的事，不可改变的事，我们要学会轻松地去承受，为自己创造更丰富的生活，快乐的明天。

2.失败的经验比金钱还重要

有这样一个故事：五只骆驼在沙漠里吃力地行走，它们和主人率领的十只骆驼走散了，前面除了黄沙还是黄沙。一片茫茫，它们只能凭着最有经验的一只老骆驼的感觉往前走。不一会儿，从它们的右侧方向走出一只精疲力竭的骆驼。原来它是一周前就走散的另一只骆驼。另外四只骆驼轻蔑地说："看样子它也不是很精明啊，还不如我们呢！""是啊，是啊，别理他！免得拖累咱们！""咱们就装着没看见，它对我们可没有什么帮助！""看那灰头土脸的样子……"

四只年轻的骆驼你一言我一语，都想避开这只骆驼。老骆驼终于开腔了："它对我们会很有帮助的！"老骆驼热情地招呼那只落魄的骆驼过来，对它说道："虽然你也迷路了，境遇比我们好不到哪里去，但是我相信你知道往哪个方向是错误的。这就足够了，和我们一起上路吧！有你的帮助我们会成功的！"

成功的人能够体认到，失败其实是一种学习的经验。失败正是成功的养分。人人都经历过失败的挫折，但一切迂回的路都决不是白费的。在人生旅途中，你每走一步，就必定会得一步的经验。不管这一步是对还是错，"对"有对的收获，"错"有错的教训。绕远路走错路的结果，使你恰好迷路走入深山，别人为你危险焦急惋惜之际，你却采集了一些珍奇的花果，猎得了一些罕见的鸟兽，而且你多认了一段路，多锻炼出一份坚强和胆量。

美国哲学家杜威说："失败是一种教育，知道什么是思索的人，不管他是成功或失败，都能学到很多东西。"失败的滋味是苦涩的，但所包含的道理却是甘甜的。失败和成功都有价值，失败的价值可能更大一些。成功了，一般人疏于思索，易于自满。失败了，则须面对挑战，硬逼着你思索，跨越失败，跨越困境，使人走向成熟和完美。

张华是一名通过自学考试获得文凭的大专生，刚开始，她到一个招聘文职人员的企业应聘。招聘过程十分简单，就是让每个应聘者讲一则生活、工作中失败的故事。应聘者当中不乏博士、硕士，但最终那家企业只录用了张华。

为什么会这样呢？应聘时张华讲了这样一则故事：她先前在一家乡镇企业做文秘工作。公司不是很大，只有200多人。老板有一个习惯，每个星期一早上要例行向员工讲一次话。有一次，原先起草讲话稿的秘书生病了，写稿的任务就交给了她。她按照老板交代的思路很认真地写了，而且在星期一早上准时把发言稿交到了老板的手中。然而，谁知老板念讲稿时，读错了几个字，引起哄堂大笑。老板很生气，便将她辞了。

张华虽然被辞掉了，但她没有立即离开，她想为什么老板会念错字，经打听才知道，老板仅仅只有小学文化程度。为此，她自

责，她说，要是在那些难认的字旁注上同音字就好了。她不怪老板辞退了她，要怪只怪自己工作主动性不够，对老板的基本情况不了解，这是做文秘工作的大忌，因此犯错误是早晚的事。

人非圣贤，孰能无过。不怕失败，人只有经过失败，并利用失败，才会变得聪明。正像一位伟人说的，错误和挫折使我们变得聪明起来。失败不是人生最后的句号，挫折是人生最大的财富。成功往往青睐失败过的人，不断从失败中走出的人要比从成功中走出的人辉煌得多。电灯泡的发明是因为托马斯·爱迪生经历过一千次失败后仍不放弃。如果你被失败纠缠，你就这么理解它：这同样是成功，或者说获得了经验。

1958 年，有一个叫富兰克·卡纳利的人，在自家的杂货店对面开了一个比萨饼屋，为的是能够通过经营这个比萨饼屋，筹措到他上大学的学费。连他自己也想不到的是，19 年后，他的比萨饼屋已经在各国开到了 3100 家，成了一个跨国连锁企业，总值达到 3 亿多美元。这 3100 家连锁店就是赫赫有名的必胜客。

若干年后，卡纳利在回顾他的连锁店是如何发展起来的时候说："你必须学习失败。"他说，"我做过的行业不下 50 种，这中间只有 15 种做得还算不错，表示我有 30% 的成功率。"对此，卡纳利认为，你必须出击，尤其是在失败之后更要出击。你根本不能确定你什么时候会成功，所以你必须先学会失败。

美国纽约有一个失败产品博物馆，展出 8 万多件不受消费者欢迎的产品，这些"失败杰作"或因质量低劣，或因价格昂贵，或因品牌不响，或因款式不新，故被消费者冷落、抛弃。

令人感动的是，生产失败产品的厂家总裁，满脸虔诚地面对"上帝"，向参观者征询投诉、意见、建议和要求。

可以说，这些面对"失败"，尤其是敢于向人们公开坦白自己的失败的人从此时开始就已经走上了成功的坦途。

日本成功企业家松下认为："面对挫折，不要失望，要拿出勇气来！扎扎实实地坚持向既定的目标前进，自然会有办法出现。"
他还认为，"一个人如果能够心无旁骛，专心致志……保持精神的
沉静和坚定，不因一时的小挫折而丧失斗志，如此，世间是没有什
么事情办不成的。"或许，这就是"失败是成功之母"的真谛。

自古以来，先贤们不仅看重成功而且更重视失败，还留下了
"吃一堑长一智"的至理名言。正视"败"、看重"败"，并不等于
喜欢"败"，实战中就一定"败"，而是客观而辩证地认识胜与败的
关系，善于从"败"中汲取教训，进而努力转败为胜，从这个意义
上讲，知"败"者才可能少败而多胜。

一位学者在美国求学时，曾经参加了一次学校组织的听 500 强
企业总裁谈成功经验的报告会，令所有人没有想到的是，那位总裁
开口第一句话却是："与其说我是来同你们一起谈论成功的经验，
还不如说是谈谈失败的过程，因为所有的成功都是建立在失败之上
的。"

泰戈尔哲理诗中有句名言："当你把所有的错误都关在门外，
真理也就被拒绝了。"这话意味深长且发人深省，向世人揭示出错
误与失败也有不菲的价值。

当失败降临到你头上时，你做的第一件事是什么？是指天骂
地，还是借酒消愁，甚至是破罐子破摔？在人生中，没有终局的失
败，也没有岩石般坚固的成功。失败往往是成功的必经之路，成功
者与失败者的区别仅在于：在众多的跌倒中，成功比失败者多爬起
来一次。

日常生活中，面对失败是文过饰非，遮短护丑，高枕无忧？还
是吸取教训，找准"病根"，吃"堑"长"智"？截然不同的态度反
映了两种泾渭分明的"成功素质"，结果必定大相径庭。

掩饰失败，不敢言败，必然陷入失败的泥坑不能自拔，永远走
不出失败的怪圈和阴影，一败再败，直至惨败，破产倒闭。正视失
败，对症下药，就能避免重蹈覆辙，走向成功。

人生的道路是不平坦的。无论是在工作还是在生活中，人人都会遇到一些阻碍或者坎坷，有些是无形的，有些是有形的。人的一生其实就是在不断的失败中取得成功的一生。要么不行路、不做事，而行路、做事则避免不了失败。面对失败，需要的是沉着冷静，理性对待；从失败中吸取经验和教训，以失败为镜子，时时警戒自己，日积月累的经验和教训，如同有一把金钥匙，为你开启成功之门。

3.危机，危中有机

两只青蛙——老青蛙和他的儿子，掉入了一桶牛奶中。它们为了求生不停地游，游了好长时间还是看不到希望。

老青蛙就对儿子说："我累了，快淹死了。"

儿子努力鼓励老青蛙："不，继续游，继续游，就会出现奇迹，要有信心。"

可是，半个钟头后，青蛙爸爸还是停下来了，泄气了，结果沉到牛奶桶底。而青蛙儿子则继续不停地游下去，被搅拌的牛奶慢慢形成一个黄油球，不久，它脚下的黄油球变硬了，它将这个"球"当作平台，纵身一跳，竟然跃出了那个牛奶桶。

从这个故事中可以得知：在危险中，还包含着机会。救星就在这个机会中，而机会是人去创造的。

人活世上，无不希望自己所走的路是平平坦坦的，没有人会希望自己所走的路是坑坑洼洼的，但是，在这个世上又有谁走的路是平平坦坦的呢？而我们现在所说的"人生"这条路就更不可能了。

中国有句古语：人无远虑，必有近忧。生活在社会不断调整发展、市场竞争日趋激烈的今天，面临着种种挑战与危机。这些挑战和危机就像流行的感冒病毒一样，随时可能在任何时候，任何情况下发生，常常令人防不胜防。但是，古语说的好："天将降大任于斯人也，必先苦其心志，劳其筋骨，饿其体肤，空乏其身，行拂乱其所为。"也就是说一个人若想有所成就，必先经过重重考验，把危机当成上天赐给我们的一次机会，这样经过磨练后，危机也没什么可怕的了。

"破釜沉舟"这个故事相信大家都听过吧，从这个故事中我们可以知道项羽拥有解决危机的智慧，这个故事说到了项羽的军队在面临前进有强敌在等着，后退粮食又不够，他们必须突出重围，才会有生存的机会，于是项羽想到了一个办法，他把这个危机变成了一次战胜敌人的机会。他把自己军队里的饭锅全数打烂，让自己的军队无路可退，让自己的士兵为了生存去拼命，因为那些士兵有着"要生存只有打败敌人"的心态，最后军心大振，打败了强敌，求得生存。

从这个故事中，你可以知道项羽不仅能轻易化解危机，而且他知道危机即是机会的道理，从中找到打败敌人的机会，大获全胜。

在现实生活中也是这样，危机即是机会，在危机发生的同时，里面也蕴含着你的机会，你要紧紧地抓牢它，把危机变成机会。

斯蒂芬·霍金身患肌肉萎缩症已数十年，他失去语言能力也已很长时间，只能通过一台特殊的电子设备才能与外界进行交流。他曾在一本书中写道，当他得知自己患病时，情绪十分沮丧。但当他认真进行深思之后，却变得很高兴，因为这正好使他专心于自己最具才能的事业。许多物理学家都因为来自外部世界的影响使他们偏

离了自己的学术研究。霍金说："我不会有比这更好的命运机遇了，对此我心存感激。"

霍金能把它看作是一种机会。那么，我们如何从危险中抓住转瞬即逝的机会呢？用"两分法"看待危险，"逆向思维"寻找出路。任何事都不会是一味的"好事"或是"坏事"，既然如此，再坏、再可怕的危险其本身就有值得我们细细推敲的"另一面"，找出这潜在的"另一面"就是发现机会的转折点。

法国著名作家巴尔扎克说过："危机和不幸，你们到底是什么？不幸，是天才的进身之阶，信徒的洗礼之水，能人的无价之宝，弱者的无底深渊。"

俗话说：祸兮福所倚，福兮祸所伏。表明"危"与"机"的相辅相成。但这一切都离不开勇气与智慧。智者不乱，仁者无惧，惟有如此，我们方能化"危"为"机"，随"机"应"变"。

仔细想想，中国的文字是很奇妙的。而且，很多字眼里隐含着古老的哲学思想。比如本文的标题"危机"一词，就含有道家的基本思想。

危是危险，机是机会。二者本为一体。两个字合起来的意思，用我们现在流行的话来说就是：挑战与机遇并存。用道家的说法就是：阴中有阳，阳中有阴。一幅太极图早就将"危"与"机"的互动关系表达得淋漓尽致了。

当然，日常生活中，每当我们说到"危机"的时候，常常只看到他"危"的一面，而看不到"机"的一面。我们一听到"政治危机""经济危机"等字眼的时候，立刻觉得这是一个坏消息。

美国作家梅尔维尔说：逆境犹如刀子。抓刀口会伤手，但抓刀把就有帮助了。只要你能从"危"中看到"机"，将"危"转化为"机"。西方有句俗语：上帝为你关上一扇门，一定为你打开了一扇窗。不要只是认为只有"门"才是出路，去找那扇你一直没有发现的"窗"。因为成长，所以我们面临一次次的危机；因为危机，我们一点点地成长。

俗话说：逆境是一所最好的学校。每一次失败，每一次打击，每一次损失，都孕育着成功的萌芽。这一切都教会我们在下一次的表现中更为出色。我们不要对失败耿耿于怀，不要逃避现实，不要拒绝从以往的错误中获取经验，要善于应对危机，化险为夷，将危机转化为机会。

4.有所"舍"，才会有所"得"

有一个人误入了茫茫无边的沙漠，骄阳似火，酷暑难熬。没有饮水，他饥渴难忍，死亡在时刻向他逼近。

他在心里暗暗地提醒自己，水，水，一定要坚持到最后一刻，找到水源。

凭着强烈的求生本能，他在沙漠中艰难地跋涉着。找啊找，他终于发现了一块小石板。在小石板旁边，他又发现了一个吸水机。他迫不及待，使劲地抽水，却滴水全无。正在他心灰意冷，懊丧不已的时候，却意外地发现旁边还有个水壶，壶上盖着塞。正当他拿起水壶准备一饮而尽的时候，看到了上面写着这样几行字："由于天长日久，水壶里也许只剩下半壶水了。你必须先要舍得把这半壶水灌进吸水机中才能打出满壶水来。记住，走之前一定要把水壶灌满。"

他小心地拔开塞子，果然看到半壶清水。望着水，他犹豫起

123

来，是马上倒进干渴的喉咙？还是照纸条上所写的倒进吸水机？如果倒进吸水机而打不出来水，自己岂不渴死。

最终，他果断地拿起水壶，照字条上所讲的，将水倒进了吸水机，果然打出了清澈的泉水，他痛快地喝了个够，一种说不出来的舒服，从喉咙间流入了肚腹，又从心里洋溢出来……

休息了一会，他把水壶装满水，盖上塞子。然后，在纸条上加了几句话：请相信我，纸条上的话是真的，你只有先舍得半壶水，才能打出满壶的水来。

舍得，舍得，有舍有得，敢舍敢得，不舍不得，小舍小得，大舍大得，以舍为得。舍和得，就如因和果，是相关也是互动的。

想想古人真是聪明，发明了"舍得"这个词，看似简单的两个字，其中却包含了深刻的哲理。

舍得舍得，先要有舍才会有得，古人为什么不把这个词语发明成"得舍"呢？想来应该是如果不舍就不会有得，不会有先得后舍的事情吧？

生活中有许多事情都需要我们做选择，都要有个抉择。在做选择之前，必是会有一番思想斗争的，是要经过一个深思熟虑的过程的。这个思考的过程就是考虑"舍"与"得"的问题。

《孟子》云："生，亦我所欲也；义，亦我所欲也，二者不可兼得，舍生而取义者也。"在舍与得必须选择时，孟子态度明朗，毫不含糊。"舍得"并非盲目的，"舍"是有目的的舍弃，"得"是有选择的得到。当今社会，不少人争名夺利，点滴不舍，其实，你想透了，凡事有得必有失，同样，有舍必有得。韩信忍气受辱，"舍"一时之名，终"得"丰功大业；越王勾践卧薪尝胆，"舍"个人荣辱，才"得"社稷江山；司马迁博览群书，上知天文，下晓经纶，背负宫刑屈辱，铸就史家之绝唱，谓之，舍奇耻，得美绝正史；陶渊明仕途不平，历尽沧桑，后归隐于山林泉下，安享"采菊东篱下，悠然见南山"之乐，谓之，舍名利，得自然之奇趣；李煜

124

治国无方，舍明政之法，得"流水落花春去也，天上人间"之婉约诗赋；苏轼仕途坎坷，于是舍弃安逸闲适的生活，得"大江东去，浪淘尽，千古风流人物"之豪放绝唱；王羲之勤练十八缸，终成大器，成古今之书圣，谓之，舍闲娱，弃安逸，得《兰亭序》绝世之美体；李时珍一生行医济世，救死扶伤，历经二十七年艰辛，终成中医之巨著《本草纲目》，谓之，舍个人之安乐，得天下之安康；诸葛亮自出茅庐，火烧赤壁，三分天下，六出祁山，鞠躬尽瘁，死而后已，谓之，舍私益，得百世流芳；林则徐凭借一身正气于虎门销烟，弘扬我国威，捍卫我尊严，谓之，舍个人之安危，得民族之大义……

人们在舍去财富、名誉、地位时痛苦不堪，舍不得，放不下；而得到时又欣喜若狂，忘乎所以。其实，人世间的东西，并没有一定的主人，也没有永远的主人。事物在取舍之间，自有它一定的定数。是你的，终归是你的，怎么也跑不了；不是你的，巧取豪夺也没用。

舍得是一种人生哲学。舍是一种本领，一种态度，一种境界。能"舍"方能"得"，即"将欲取之，必固与之"。俗话说，"小的不去大的不来"，"吃小亏占大便宜"，"舍不得孩子套不住狼"。古往今来，成大事者，无不深谙此道。以舍为得，舍小得大，妙用无穷。

谭顿是一个喜欢拉琴的年轻人，然而，他刚到美国时，却要靠到街头拉小提琴卖艺来赚钱。其实，在街头拉琴卖艺跟摆地摊没两样，都必须争个好地盘才会赚钱，当然地段差的地方，生意就较差了！不过，很幸运地，谭顿和一位黑人琴手，一起争到一个最能赚钱的好地盘，在一家银行的门口，那里有很多的人。

过了一段时间后，谭顿赚到了不少卖艺钱，于是就和黑人琴手道别，因他想进入学校进修，在音乐学府里拜师学艺，也和琴技高超的同学们互相切磋。此后，他将全部时间和精神，投入到提升音乐素养和琴艺之中。

在学校里，虽然谭顿不像以前在街头拉琴一样赚很多钱，但他的眼光超越了金钱，转而投向那更远大的目标和未来。

十年之后，有一次，谭顿路过那家银行，又见到了昔日老友——黑人琴手，仍在那"最赚钱的地盘"拉琴，而他的表情一如往昔，脸上露着得意、满足与陶醉。

当黑人琴手看见谭顿时，很高兴地停下拉琴的手，热络地说道："兄弟！好久没见，你现在在哪里拉琴啊？"

谭顿回答了一个很有名的音乐厅的名字，但黑人琴手反问道："那家音乐厅的门前也是个好地盘，好赚钱吗？"

谭顿没有明说，只淡淡地说着："还好，生意还不错！"

其实，那位黑人琴手哪里知道，十年后的谭顿，已经是一位知名的音乐家，他经常在著名的音乐厅中献艺，而不是只在门口拉琴卖艺！

人生在世，想得到的东西实在太多了，这是人的本性，也是推动社会进步的一种动力。然而，"熊掌，我所欲也，鱼，亦我所欲也。"可是想要两者兼而有之，那就成了不可能的事情。如果你想要熊掌，那就必定要舍弃鱼，如果你舍不得鱼，那就要舍弃熊掌，总之要舍弃一个。

在印度的热带丛林里，人们用一种奇特的狩猎方法捕捉猴子：在一个固定的小木盒里面，装上猴子爱吃的坚果，盒子上开一个小口，刚好够猴子的前爪伸进去，猴子一旦抓住坚果，爪子就抽不出来了。

人们常常用这种方法捉到猴子，因为猴子有一种习性：不肯放下已经到手的东西。人们总会嘲笑猴子的愚蠢：为什么不松开爪子放下坚果逃命？其实，仔细想想，现实生活中，这样的人不也是很多吗？

漫漫人生，面对舍与得的抉择，是一种生活智慧。但是，欲壑难填，欲望常常使人对舍与得把握不定，不是不及，便是太过，于是产生了许多原来不应该发生的悲剧。比如：年轻的时候为了学业、事业，我们舍弃承欢膝下，舍弃与家人团聚，我们觉得值，因为我们得到了学业、事业。但当有一天我们再也没机会承欢膝下、没有机会弥补对家人的亏欠的时候，很多人就会对当初的选择发出疑问：值吗？又比如那些深陷铁窗牢狱的人，当初为了一己私利不惜以身试法，可此时却忏悔不已，觉得不值。更多的人为了得到钱财不惜掏空身体、预支生命，但真的到了生命即将离我们而去的时候，又不惜一切钱财去换取生命，悔不当初。多少年来，人就在这样的怪圈中，不断地轮回。

舍得是选择、舍得是承担、舍得是忍耐、舍得是智慧、舍得是痛苦、舍得是喜悦，《左传》中有句话"君以此始，则必以此终"。你选择了一个人、一个事物的某一点，就相应地要承担你的选择所带来的连锁反应，选择了一个人的勇猛就要迁就容忍他的暴戾，选择了一个人的智慧就要迁就容忍他的狡诈……

人生一世，草木一秋，人情世事，其实不过也就是舍与得的重复。抉择的过程是痛苦的，是难熬的，但是抉择后的天地是宽广的，是轻松的。正如蚕，作茧自缚是痛苦的，但是历经了痛苦的锤炼，化蝶后的美丽是惊天地的。当我们在经历着选择的时候，就仿佛把自己束缚在了蚕茧里，在经过了苦痛挣扎之后，在做好选择之时，就是破茧而出的时刻，那一刻将是美丽的，会让世人惊艳，会让人内心平静，明亮。

为人处事，每当有些东西和事情牵绊困扰在心时，请想想那"舍得"的启示。人们必须懂得何时放手，离开那看似最赚钱、最诱人，却不再进步的地方，鼓起勇气，不断学习，去开创生命的另一高峰！

生命是罐头，胆量是开罐器，要握着有胆量的开罐器，才能打开生命的罐头，才能品尝里头的甜美滋味，你的心灵也就自然而然地得到平静和安宁！或许你会失败，但是即使失败了，也不过是回到街道旁，继续你的卖艺生涯，而安于现状，只会陷自己如蚱蜢于小盒子里，越跳越低。

贾平凹先生有一篇文章，说的也是《舍得》，诚如先生所言：会活的人，或者说取得成功的人，其实懂得了两个字：舍得。不舍不得，小舍小得，大舍大得。贾平凹先生是个参悟透了人生的奥妙与玄机的人。的确，"舍得"二字，其实已经囊括了人生所有的真如，只要我们能真正把握舍与得的尺度，就能掌握人生成功的钥匙。

从前的秤十六两一斤，因此有半斤八两之说。

还在十六两一斤的年代，县城南街开着两家米店，一家叫"永昌"，另一家叫"丰裕"。"丰裕"米店的老掌柜眼看兵荒马乱生意不好做，就想出个多赚钱的主意。这一天，他把星秤师傅请到家里，避开众人，对星秤师傅说："麻烦师傅给星一杆十五两半一斤的秤，我多加一串钱。"

星秤师傅为了多得一串钱，就忘掉了行德，满口答应下来。老掌柜吩咐完毕，留下星秤师傅在院里星秤，自己就踱进米店料理生意去了。

米店老掌柜有四个儿子，都帮他料理米店。最小的儿子两个月前娶了一塾师的女儿为妻。

新媳妇正在屋里做针线，爹吩咐星秤师傅的话被她听见了。老掌柜离开后，新媳妇沉思了一会儿，走出新房对星秤师傅说："俺爹年纪大了，有些糊涂，刚才一定是把话讲错了。请师傅星一杆十六两半一斤的秤，我再送您两串钱。不过，千万不能让俺爹知道。"星秤师傅为了再多得两串钱，就答应了。一杆十六两半一斤的秤很快制成，星秤师傅果真没把秤的变化告诉老掌柜。老掌柜曾多次请他星秤，对他的手艺信得过，当天就把新秤拿到米店使用了。

一段时间后，"丰裕"米店的生意兴旺起来，"永昌"米店的老主顾也赶热闹，纷纷转到"丰裕"买米。又一段时间后，县城东街、西街的人也舍近求远，穿街走巷来"丰裕"买米，而斜对门的"永昌"米店简直门可罗雀。

到了年底，"丰裕"米店发了财，"永昌"米店没法开张了，把米店让给了"丰裕"。

年三十晚上，一家人围在一起吃饺子。老掌柜心里高兴，出了个题目让大家猜，看谁猜得出自家发财的奥秘。大家七嘴八舌，有说老天爷保佑的，有说老掌柜管理有方的，有说米店位置好的，也有说是全家人齐心合力的。老掌柜嘿嘿一笑，说："你们说的都不对。咱靠啥发的财？是靠咱的秤！咱的秤十五两半一斤，每卖一斤米，就少付半两，每天卖几百几千斤，就多赚几百几千个钱，日积月累，咱就发财了。"

接着，他把年初多掏一串钱星十五两半一斤秤的经过讲说了一遍。

做买卖实在生意就兴旺，儿孙们一听，都惊讶得忘了吃饺子。惊讶过后，大家都说他不露山不显水的，连自家人都没察觉，就把钱赚了，老人家实在高明。老掌柜高兴极了，把胡子捋了一遍又一遍。这时，新媳妇从座位上慢慢站起来，对老掌柜说："我有一件事要告诉爹，在没告诉爹以前，希望您老人家答应原谅我的过失。"待老掌柜点头后，新媳妇不慌不忙，把年初多掏两串钱星十六两半一斤秤的经过讲给大家听。她说："爹说得对，咱是靠秤发的财。咱的秤每斤多半两，顾客就知道咱做买卖实在，就愿买咱的米，咱的生意就兴旺。尽管每一斤米少获了一点利，可卖的多了获利就大了。咱是靠诚实发的财呀。"

大家更是一阵惊讶，一个个张大了嘴巴。老掌柜不相信这是真的，拿来每日卖米的秤一校，果然每斤十六两半。老掌柜呆住了，一句话也说不出，慢慢地走进自己的卧室。第二天吃过年初一早饭，老掌柜把全家人召集到一块，从腰里解下账房钥匙说："我老了，不中用了。我昨晚琢磨了一夜，决定从今天起，把掌柜让给老四媳妇，往后，咱都听她的!"

众人为秤，半两之差，心明如镜。做生意，讲究"诚"，做人岂不如此?

舍得! 舍得! 不舍怎得?

5.用另一种眼光看问题

生活中，当我们遇到不如意时，应该学会换个角度看待生活，换个方式活着，人活一生不能只用一种方式过日子，要不断更新，学会调整才行。

张涛从小生活在一个家境很好的家庭，备受父母宠爱。后来考上了大学，读了一个自己喜欢的专业。毕业后也没费什么周折，进了一家大型企业。那年，他才20岁，还是一个毛头小伙子。

张涛满怀希望，也满怀信心地走上了工作岗位。然而，接下来的一切却让他始料未及。单位的人际关系非常复杂，而他却是那么单纯，甚至有些天真，他说话做事都率性而为，不懂得收敛。渐渐地，他听到了一些议论，说他年轻气盛，做事毛糙等等。从小就养尊处优惯了的他，那一段日子非常沮丧。

回到家，张涛把在单位遇到的种种不愉快告诉父亲听。他的父亲对他讲了一个故事:有一个人在一次车祸中不幸失去了双腿，那个人的朋友和亲戚都来慰问，表示了极大的同情。而他却回答道:

"这事的确很糟糕。但是，我却保存下了性命，并且我可以通过这件事认识到，原来活着是一件多么美好的事情——而以前我却从未这样清醒地认识过。现在，你们看，我不是一样顺畅地呼吸，一样欣赏天边的云朵和路边的野花？我失去的只是双腿，却得到了比以前更加珍贵的生命。"

张涛的父亲说："这个遭遇车祸的人是个智者，他知道失去了双腿是一件已经发生的事实，哪怕再痛苦也改变不了。所以，他换了一个角度，同样一件事情，他能够找到积极的那一面。而你……"他的父亲顿了顿，接着说，"和同事之间相处得不愉快，作为一个刚刚走上社会的新人来说也是正常的，单位毕竟不是家庭，会有各种各样的矛盾。你应该换个角度，把这种不愉快看作是对自己的砥砺，通过这种磨练使自己尽快成熟起来。从这个角度看，你现在所面临的境况，恰恰是你成长过程中的一笔财富。"

父亲的一番话让张涛豁然开朗。回到单位之后，每当再遇到不顺心的事情，他就想，换个角度，这是一件好事情，它至少说明我有不足甚至不对的地方，我得改正自己。如果确实不是他自己的问题，他也不再像以前那样气恼，而是想，换个角度，说明别人对我的要求比较高，我得加把劲儿。同样的一件事情，过去给他带来的是烦恼、苦闷，而现在带给他的，则是积极向上的动力。

生活中像这样的例子还有很多。其实，同样的一件事情换个角度去观察和思考，会有不同的收获。日常生活中，我们应该跳出自己的思考范围，换种角度来审视自己，认识自己，不苛求自己，更重要的是超越自己，突破自己，因为好好生活才有希望。令你生气的人已经走得老远了，你还为他生气，何必呢？哲人康德说："生气，是用别人的错误惩罚自己。"跳出来看自己，你不妨换个角度照自己，你就会认识到生活的苦、累或开心、舒坦，取决于人的一种心境，牵涉到人对生活的态度，对事物的感受。跳出来换个角度看自己，你就会从容坦然地面对生活，再也不会痛苦了。

一天，一个花季女孩儿在公园哭泣。一位哲学家走来轻声地问她说："你怎么啦？为何哭得如此伤心？"女孩儿回答说："呜……我好难过，为何他要离我而去？"不料这位哲学家却哈哈大笑，并说："你真笨。"

女孩儿看着哲学家生气地说道："您怎么这样，我失恋了，已经很难过了，您不安慰我就算了，还骂我。"

哲学家回答她说："傻瓜，这根本就不用难过啊，真正该难过的是他，因为你只是失去了一个不爱你的人，而他却是失去了一个爱他的人。"

人生长河中，痛总是和快乐相并出现。面对人生境遇中的幸福、美满和团圆，我们要懂得感恩、庆幸，当痛苦、悲伤和破碎向你袭来的时候，不妨跳出来，换个角度看自己，勇敢地面对这多舛的人生。

一片蓝天下，悲观者看到渺茫，乐观者却看到广阔。渺茫了，心就会失去方向；广阔了，人就容易积极前行。用另一种眼光看问题、看世界，人生会因五彩缤纷而厚重。

美国"牛仔大王"李维斯的西部发迹史中曾有这样一段传奇：当年他像许多年轻人一样，带着梦想前往西部追赶淘金热潮。

一日，突然间他发现有一条大河挡住了他西去的路。苦等数日，被阻隔的行人越来越多，但都无法过河。于是陆续有人走向上游、下游绕道而行，也有人打道回府，更多的则是怨声一片。他想，只要能赚钱，为什么一定要淘金？我若有办法把这些急需渡河的淘金者送到对岸去，我不是同样可赚一大笔钱吗？于是他适时转换了思维角度，来到大河边，就地砍伐竹子，编扎成竹排，产生了一个绝妙的创业主意——摆渡。西去的淘金者急于过河去淘金，没有人吝啬一点坐他的渡船过河的小钱，迅速地他人生的第一笔财富居然因大河挡道而获得。

一段时间后，去西部挖黄金的人减少了，摆渡生意开始清淡。

他决定放弃，并继续前往西部淘金。来到西部，到处都是淘金人，找一块合适的地方挖金都很难。怎么办？这时他发现，这里不缺黄金，但是缺水，金山上因为人太多，淘金者白天要水喝，晚上要水洗澡、洗衣，在这里，黄金倒不算是珍贵的东西了，水变得十分宝贵起来。李维斯又突发奇想，他到处去寻找水源，挖掘成井，每天用车把水运送到淘金的工地上，他干上了这件无人与之竞争的生意，卖水的生意便红红火火，他于是又大赚了一笔钱。别人看见他卖水也能赚大钱，于是有人参与了他的新行业，再后来，同行的人已越来越多。这时，他又开始调整自己的心态，开始调整自己注意的焦点。他发现来西部淘金的人，衣服极易磨破，同时又发现西部到处都有废弃的帐篷，于是他又有了一个绝妙的好主意，把那些废弃的帐篷收集起来，洗干净，就这样，他缝成了世界上第一条牛仔裤！从此，他一发不可收，最终成为举世闻名的"牛仔大王"。

李维斯从困苦中换位思考，最终成为举世闻名的"牛仔大王"，这难道能说是上天给了他成功的机会吗？前去挖金的人有数千万，为什么那么多的人没有想到这一点，没有创造出如此大的业绩呢？原因就在于，那数千万的人只知道随波逐流，他们的思维被固定在正常的思考牢笼中，因此他们也只能成为平凡的挖金人。而李维斯的成功就在于他肯换位思考，从另一角度来看待问题，发现常人不能发现的问题，因此最终他从众多人中脱颖而出，成为佼佼者。

一个人的生命旅途犹如一次长途跋涉，跋涉中总会经历风雨的洗涤，荆棘的磨练，只想走直路，不会转换角度，改变方向的人，永远登不上人生的制高点。正所谓横看成岭侧成峰，站在不同的角度，总能欣赏到不同的风景，而不同的心胸，才会有不一样的人生。

当我们面对任何一个问题的时候，都不要忘记换一个角度换一种思维去看待它。当你疲惫不堪回到家，你可能因为孩子把所有的玩具弄得满屋子狼藉而生气，但换个角度看，你的孩子因此却懂得了怎样去追逐去拼搏；当你牵着一只蜗牛去散步，你可能因为蜗牛慢吞吞的脚步而烦躁，但换个角度看，你因此却闻到花香、听到虫鸣鸟叫、看见满天星斗；当你送走赴宴的客人，你可能因为收拾满桌的残羹而懊恼，但换个角度看，这至少表明你的生活中有很多值得你倾心交往的朋友；当你因马虎做错事后，你可能因被领导批评而委屈，但换个角度看，你却因此而谨慎小心地工作，犯错误的几率一定会降低。

换个角度看人生，也许所有的苦难都可能是幸福设置的关卡，所有的悲伤都可能是快乐眷恋你的借口，所有的失败都可能是成功在对你做最幽默的考验。

换个角度看人生，你会发现，其实人生路途处处皆风景。我们所得到的是一种无法用物质权衡的精神财富，这是一种理性的感悟，一种充满哲思的智慧，一种厚厚实实的希望。

第五章　保护自己，
不要让"坏心态"主宰你

心理学家认为：保持着好心态的人，就好像一条活鱼，能够在社会、家庭、生活的海洋中自由自在地邀游。我们确信，一个人只有拥有好心态，才能拥有成功的人生。多些正面思考，你的人生就多了一些自信，对人对事也就多了一份大度和宽容，这应该是一种成熟的表现；一个人经常生活在负面思考中，世界观就会慢慢畸变，就会变得斤斤计较。正面思考，总是能给我们一些力量，总能让我们振奋。

1.死要面子活受罪

你知道在这个世界上，活得最累的人是哪些人吗？如果让所有的人都参与选择的话，那么，"死要面子"的人有很大的当选可能。俗语说得好，"死要面子活受罪。"面子之所以如此受人重视，当然也有一定的道理，因为我们每个人都会有一颗虚荣之心。

杰克是美国一著名大学的毕业生，可当他毕业时正赶上美国经济大萧条，大批的大学毕业生都找不到工作。虽然杰克是市场上备受欢迎的经济管理专业的毕业生，也解决不了自己的生计问题。

走投无路之际，杰克决定和几位普通院校的毕业生一起到一家小型的公司去面试，并邀请了很多同学一起去。但他的想法遭到很多同学的耻笑，他们说："我们可是名牌大学的学生，怎么能去一般的小公司呢，这也太没有面子了。"结果去面试的只有杰克一人。而最终结果是杰克被录取了，而班上其他的同学还在为工作而奔波。

杰克很有才华，所以他手里面的工作总是最好的。不久，这家小公司的老板发现了他的才能，把他调到了自己身边做助理。几年后，公司老板的身体不行了，想退休，但在自己的亲属中找不到合适的接班人，经理便找到了杰克，把这家小公司转让给了他。杰克做上了老板的位置，他利用自己的所长很快使公司达到了相当的规模，而杰克的同学大都还只是普通的白领。

　　不可否认，虚荣之心人皆有之，而死要面子就是虚荣心的最具体表现。一个人生活在社会上，是不可能不要面子的，因为这涉及到自尊心的问题。但又不能够死要面子。死要面子的人，往往会真正丢了面子。而面子问题的关键在于要搞清怎样做才算不丢面子。什么面子可以丢，什么样的面子应当保?

　　中国人死要面子的故事久已有之。在中国的历史上更是比比皆是。为男人称道为女人仰首的项羽就是一个爱面子的人。项羽是个英雄，他在反秦的大业中几乎百战百胜，但是他的最后一战却是惨败。

　　英雄落魄，没有办法，他一声长叹："籍与江东子弟八千人渡江，今无一人还，纵江东父老怜而王我，我何面目见之?!"项羽此时觉得自己打了这么一个大败仗，是没有面子再去见江东父老的。如此面对父老乡亲，项羽首先在面子上挂不住了。

　　饮酒中，他对着宠姬唱起悲壮的："力拔山兮力盖世，时不利兮骓不逝,骓不逝兮可奈何，虞兮虞兮奈若何！"项羽最后手持兵刃搏杀汉兵数百余人。果然被后代人称为英雄，还留下"无颜见江东父老"的典故。项羽是英雄，这是历史对他的定义，也确实无可厚非。但我们反过来想想，如果项羽没有这么好面子，回到江东重整旗鼓，那么，历史恐怕就要改写了。

　　像项羽这样爱面子的人在中国历史上不胜枚举，明朝是一个出昏君的朝代，这种爱面子的君王当然不会太少了。

　　明朝正德十四年，宁王朱宸濠从江西南昌起兵，杀掉江西巡抚孙燧、按察司副使许逵，连下南昌、九江，包围安庆。叛军一时势大。这时，巡抚江西的赣州、南康的右佥都御史王守仁主动征集湖广、赣南30万兵马，直捣南昌，终于攻克南昌。朱宸濠还兵相救，被王守仁打败活捉。

　　本来这事就算完了，可是当时的皇帝朱厚照却不这么认为，他是一个虚荣心十分强的人，他决定亲自出征来建立不世之功，于是放着皇帝不做，要做将军了。他自称"威武大将军"，率领一干太监南征。他们边征边玩，刚走到涿州，王守仁活捉宁王的捷报就传到了。

王守仁的功劳使得这位皇帝大为恼火，本应马上回京的他却在此时闷闷不乐起来，于是他手下的太监想出一个闻所未闻的招数：逼王守仁放了宸濠，等待皇帝前去亲自擒拿。历史总是爱开玩笑，可这个玩笑也太不好玩了。此时的意思就是说，皇帝不到场，胜利不算数——必须放虎归山，在皇帝的亲自指导下重演一遍造反平叛，这样的话，皇帝的面子会是足够大的。但英明绝伦的王守仁没有从命，他不能因为皇帝的面子而做出对不起天下百姓的事啊。

皇帝朱厚照一行在路上恣意淫乐，数个月以后才玩到南京，这时，皇帝的面子又来了，他命令王守仁重新报捷。王守仁只好改为"奉威武大将军方略讨平叛乱"，把皇帝的驾临列入捷报，这才算数。

现在看来，这位皇帝为了自己的"面子"做出这种荒唐的事也许是前无古人，后无来者的。如果王守仁真为了照顾皇帝的面子，那么，就会真正地出现"死要面子活受罪"的一幕了。

英国哲学家培根说："虚荣的人被智者所轻视，愚者所倾服，阿谀者所崇拜，而为自己的虚荣所奴役。"真正的智者就会明白：与其争面子，不如争"里子"。他们注重的是提高和保存自己的实力，而不是文过饰非来向别人炫耀，满足自己的虚荣。

其实，真正大智若愚、大巧若拙、大音希声的人，是不会老是将面子问题看重而忽视其他重要事的。只有那些惟恐别人瞧不起的人，才会端着架子，耀武扬威。

现代社会是一个竞争激烈的社会，而面子是换不来位子和银子的，顶天立地的男子汉们自古以来就以强者自居，但其体力优势在科技和信息职场中不再吃香。为了面子他们错过很多的机会，对人倾诉压力他们会觉得没面子，承认错误他们更是觉得没面子。其实，客观面对现实才是最有面子的，才是最不受罪的。

2.让忧虑到此为止

忧虑是我们每个人都有的，因为我们每天都要面对各种各样的情况和环境。而人和人之间最大的不同就是，在面对这些忧虑时所表现出来的态度。

有一位忧虑患者这样诉说他的忧虑：早晨起床，他刚想打开窗子透透气，突然想起报纸上公布的城市空气污染的严重状况，而呼吸进这样的空气可能致癌。他端起一杯咖啡，却突然记起健康专家的忠告，喝过量的含兴奋剂的饮料会引发心脏病。他走下楼梯，眼前又突然出现一个月前邻居不慎摔死在楼梯上的情景。每时每刻都可能发生的危险使他心中充满恐惧。其实，这样的情况用古人的话说是"杞人忧天"。但这样杞人忧天的事每天都有人重复地做着。

卡耐基说："如果我们以生活为代价，付给忧虑过多的话，我们就是傻子。学会对自己说：'这件事只值得我担一点点心，没有必要去操更多的心。'"卡耐基是世界成功学的大师，他对人生的成功持有很独特的见解。他对忧虑的最终解释应该是这样的：让忧虑到此为止吧。

在美国南北战争时期，林肯的几位朋友攻击他的一些敌人，当然他们都是在帮助林肯的。而林肯却说："你们对私人恩怨的感觉比我要多，也许我的这种感觉太少了吧。可是，我一向认为这很不值得。一个人实在没有必要把他半辈子时间都花在争吵上。如果那些人不再攻击我，我也就不再记他们的仇了。"记住那些不该记住的仇对林肯来说就是无休止地忧虑下去，而这样的忧虑无论是对他还是对他的朋友都是没有好处的。林肯之所以能成为美国最著名的总统之一，很重要的一点就是他知道自己该做些什么。而一个整天被忧虑所困扰的人是不可能成为伟大的总统的。

忧虑的反面就是无拘无束的快乐，让忧虑到此为止，就是让快乐重新开始。快乐对人生很重要，也只有快乐的人才明白，让忧虑到此为止是多么必要。其实，去除忧虑很简单，得到快乐很容易。

世人总以为尽情的开怀大笑才叫做快乐。其实，这只是快乐的一种表现，舒坦的心境，更是快乐的一面。快乐的源泉其实从未消失，它就如细水长流般，点滴在心头。然而，快乐不快乐只是一念之差。幸福不常有，而快乐是长久的。

曾看过这么一个故事：

从前有个国王，整日郁郁寡欢。于是他派大臣四处寻找一个快乐的人，并把快乐带回王宫，大臣四处寻找了好几年，终于有一天，当他走进一个贫穷的村落时，听到一个快乐的人在放声歌唱。寻着歌声，他找到了那个正在田间犁地的农夫。

大臣问农夫："你快乐吗？"

"我每天起床时就告诉自己，让忧虑到此为止吧，今天的我应该是快乐的。"农夫回答。

快乐是什么，快乐就是珍惜你已拥有的一切。像那贫穷而快乐的农夫，大声说，今天的我应该是快乐的。

快乐就是如此的简单，只需要掌握让自己快乐的钥匙——忘却自己的忧虑。

一个成熟的人是应该掌握自己快乐钥匙的，他不期待别人使他快乐，反而能将快乐与幸福带给别人。一位女士抱怨道："我活得很不快乐，因为先生常出差不在家。"其实，她是把快乐的钥匙放在先生手里。一位妈妈说："我的孩子不听话，叫我很生气！"她是把快乐的钥匙交在孩子手中。男人可能说："上司不赏识我，所以我情绪低落。"这把钥匙又被塞进了老板手里。婆婆说："我的媳妇不孝顺，我真命苦！"……这些人都做了相同的决定——就是让别人来控制他的心情，而不是告诉自己：让忧虑到此为止吧。

　　一场大水过后，整个村子里的房屋都倒塌了，几乎所有的人都围着自家的废墟唉声叹气，一片近乎世界末日降临的场景。只有一家，在自家的废墟中不停地挖着。一会儿挖出一个坛子，竟没有被砸坏，全家一片欢呼；一会儿挖出一袋香肠，全家分享着，脸上洋溢着幸福和快乐。邻家见状，问："你们为什么这样快乐？"他们答道："冲走的已经冲走了，留下的不应失去。大水之后，仍有一些东西留给我们，不是令人高兴的事吗？我们就让忧虑到此为止吧。"

　　是啊，我们每天都应该这样告诉自己，让忧虑到此为止吧。当我们容许别人掌控我们的情绪时，我们便觉得自己是个受害者，对现况无能为力，抱怨与愤怒成为我们惟一的选择。我们开始怪罪他人，并且传达一个信息："我这样痛苦，都是你造成的，你要为我的痛苦负责！"我们似乎承认自己无法掌控自己，只能可怜地任人摆布。这样的人使别人不喜欢接近，甚至望而生畏。

　　做一个快乐的人，让自己的忧虑在最短的时间内消失，不要让自己的"坏心态"左右你的快乐。

3.消除自卑才能自信

有人说，自卑的心态是阻碍你前进的最大障碍。

一个人是自卑还是自信是完全取决于我们自己的。如果我们想的都是快乐的念头，我们就能快乐；如果我们想的都是悲伤的事情，我们就会悲伤；如果我们想到一些可怕的情况，我们就会害怕；如果我们想的是不好的念头，我们恐怕就会担心了；如果我们想的尽是失败，我们就会失败；如果我们沉浸在自怜里，大家都会有意避开我们……

而上述这一切都是自卑在作怪。

解放黑人奴隶的美国总统林肯，不仅是私生子，出身微贱，而且面貌丑陋，言谈举止缺乏风度，他对自己的这些缺陷十分敏感。

林肯当然不肯就这样过完自己的一生，他为了补偿这些缺陷，便力求从教育方面来汲取力量，拼命自修以克服早期的知识贫乏和孤陋寡闻。他在烛光、灯光、水光前读书，尽管眼眶越陷越深，但知识的营养却对自身的缺陷作了全面补偿。他最终摆脱了自卑，并成为美国有史以来最杰出的总统。而另外一个伟大的人物贝多芬从小听觉有缺陷，耳朵全聋后还克服困难写出了优美的《第九交响曲》，他有一句名言——"人啊，你当自助！"这句话成为许多自强不息者的座右铭。

自卑使我们多了很多的失败，而只有消除自卑，我们才能做到真正的成功。首先，我们应该知道消除自卑的方法。

1．挑前面的位子坐

其实，我们每个人都注意到了，无论在教学或教室的各种聚会中，后排的座位总是最先被占满的。大部分占据后排座的人，都是希望自己不会"太显眼"。而他们怕受人注目的原因就是缺乏足够的信心。

而那些总是坐在前排的人，多是最后能成功的人。如果我们想消除我们的自卑，建立自己的自信，就从现在开始尽量往前坐。当然，坐前面会比较显眼，但要记住，有关成功的一切都是显眼的。

2．练习正视别人

正视别人不是一件容易的事，一个人的眼神是可以透露出很多关于自己的信息的。你不正视别人，别人就会问自己：他要隐藏什么呢？他怕什么呢？他会对我不利吗？等等让你处于不利状态的疑问。

不正视别人也就意味着这样的意思：在你旁边我感到很自卑；我感到什么事都不如你。而躲避别人的眼神意味着：我是有罪恶感的；我做了或想到很多我不希望你知道的事。而这都是一些不好的信息。

而一旦能够正视别人就等于告诉别人：我很诚实，而且光明正大。我相信我告诉你的话是真的，毫不心虚。

3．把你走路的速度加快 25%

有这样一个关于大卫的故事，可能会对我们有所帮助。当大卫还是少年时，到镇中心去是他认为的最大的乐趣。在办完所有的差事坐进汽车后，大卫的母亲常常会说："大卫，我们坐一会儿，看看过路行人。"

大卫的母亲是位绝妙的观察家。她会说："大卫，快来看那个家伙，你认为他正受到什么困扰呢？"或者说"大卫，你认为那边的男士要去做什么呢?"更有甚者，他会说："大卫，看看那个人，他似乎有点迷惘。"

观察人们走路会给我们带来很多的启发。

许多心理学家将懒散的姿势、缓慢的步伐跟对自己、对工作以及对别人的不愉快的感受联系在一起。但是心理学家也告诉我们，借着改变姿势与速度，可以改变心理状态。你若仔细观察就会发现，身体的动作是心灵活动的结果。那些遭受打击、被排斥的人，走路都拖拖拉拉，完全没有自信心。

我们每个人都会有自己的走路模样，当然，他们更多的是做出"我并不怎么以自己为荣"的表白。而只有一少部分人则表现出超凡的信心，他们走起路来比一般人快，像跑。他们的步伐告诉整个世界："我要到一个重要的地方，去做很重要的事情，更重要的是，我会在 10 分钟内成功。"

使用这种"走快 25%"的技术，抬头挺胸走快一点，你就会感到自信心在滋长。

4. 练习当众发言

拿破仑·希尔指出，有很多思路敏锐、天资高的人，却无法发挥他们的长处参与讨论。原因是什么呢，其实并不是他们不想参与，而是因为他们缺少信心。

很多人在参加讨论的时候不是没有话说，而是觉得自己的话可能不会起到任何作用。他们还会认为，参加会议的人都比自己的水平高深。于是，在这种心理作用下，他们就会在心中许下这样的诺言："等下一次再发言。"

可真等到了下一次的机会，他们又会用各种各样的借口来为自己辩解。就这样恶性循环下去，他们愈来愈丧失自信，慢慢地就越来越自卑下去了。从积极的角度来看，如果尽量发言，就会增加信心，下次也更容易发言。所以，要多发言，不要怕出错。

5．开怀大笑

笑是一剂良药大家都已经知道，笑还能给自己很实际的推动力，它是医治信心不足的良药。但是很多人在自己的内心恐惧时，却从不试着笑一下。真正的笑不但能治愈自己的不良情绪，还能马上化解别人的敌对情绪。如果你真诚地向一个人展颜微笑，他实在无法再对你生气。拿破仑·希尔讲过一段自己的亲身经历："有一天，我的车停在十字路口的红灯前，突然听到一声响，原来是后面那辆车的驾驶员的脚滑开了刹车器，他的车撞了我车后的保险杠。我从后视镜看到他下来，也跟着下车，准备痛骂他一顿。但是事情的结果却不是这个样子，当我还没来得及发作时，他就走过来对我笑，并以最诚挚的语调对我说：'朋友，我实在不是有意的。'他的笑容和真诚的说明把我融化了。我只有低声说：'没关系，这种事经常发生。'转眼间，我的敌意变成了友善，这点连我自己都感到非常的奇怪。"

自卑的人从来都不敢在众人的场合下开怀大笑。而只有自信的人才会毫无顾忌地敞开自己的心情大笑。

6．勇于承认自己的内心

生活中的很多人都不太愿意承认自己的即时状态，他们宁肯用复杂的狡辩来为自己开脱，也不愿意用一两句简单得不能再简单的话承认自己的内心想法。

我们都有出远门的经历，假如我们初次到某一个陌生的地方，内心难免会疑惧万分，这时候，我们不妨将此不安的情绪，清楚地用语言表达出来："我几乎愣住了，我的心忐忑地跳个不停，甚至两眼也发黑，舌尖凝固，喉咙干渴得不能说话。"

如果你真的说了，你肯定不会感到恐惧和害怕了。有一个位居美国第5名的推销员，当他还不熟悉这行工作时，有一次，他竟独自会见美国的汽车大王。结果，他真是胆怯得很。在情不自禁之下，他只好老实地说出来了："很惭愧，我刚看见你时，我害怕得连话也说不出来。"结果，这样反而驱除了恐惧感，这要归功于坦诚的态度。

7. 做事要果断自信

做事果断是一个好的习惯，只有果断了才能给我们足够的自信。我们可以在生活中发现很多这样的例子。有些肤色并不好的女人面对着镜子，当她看到自己的形影或肤色时，忍不住产生某种幸福的感受。相反地，有些肤色很不错的女人却被自卑感所困扰。她们总是怀疑自己的皮肤不是很好，她们总会被类似的事情给折磨。

做事果断就意味着我们要多说一些肯定的词，尽量避免说出一些否定的词汇。总之，运用肯定或否定的措词，可将同一件事实，形容成有如天壤之别的结果。在任何情况之下，只要常用有价值的措词或叙述法，则可以将同一个事实完全改观，驱除自卑感，而令人享受愉快的生活。

8. 做事量力而行

做事情一定要量力而行，否则最后痛苦的只能是自己。所谓量力而行，就是做自己能够做到的事，这样的做事方式能够很快增加自己的自信，从而轻松地消除自己的自卑心理。

跑马拉松，因为身体会疲倦，所以我们不可能每超越一根电线杆就更有动力。但是，只要不完全是肉体上的疲劳，一次一次的达成目标会带给人更多的动力。所以，应该把大目标分成几个阶段来达成。每达成一个阶段，都会产生新的动力，然后就会激发达成终极目标所需要的动力。有句俗话说："雁子飞，乌龟也跺脚"，就是说"找不到自己要做的事"的人，不正像这句话中的乌龟吗？假设乌龟看到雁子飞过天空而自己也想飞，那就是天下笑话了。

所以，正视自己，做自己力所能及的事是最重要的，也是最快乐和最符合正常心态的。只有这样，我们才能远离自卑，迎接自信。

4.放下才会更轻松

放下才会更轻松。其实，放下很不容易做到。但只要我们努力了，就一定会做到。正视自己，该放下的就放下，那么你一定可以做一个轻松快乐的人。

有一位师父跟徒弟两人化缘归来，跳过一条浅溪，忽然看到溪畔有一位美丽的少妇正要渡河。只见那位少妇撩起裙摆，轻踩莲步，款款走到了溪边却又胆怯地不敢涉过。老师父赶紧伸出援手背起了她过河。过河之后，老师父放下了少妇，依旧带着徒儿大踏步地赶回寺去。

后边跟着的徒弟等了几天，没听师父说过那个少妇，他再也无法忍受了。一天，他终于按捺不住，满腹狐疑地问师父："师父，您一再教诫徒儿不可以亲近女色，几天前您怎么可以背着少妇过河呢？我忍了数天实在很痛苦，不得不鼓起勇气问问您！"

老师父笑着说："喔，这几天来你魂不守舍的为的就是这个呀？我当时就放下了，怎么你几天后还在挂念呀！"

徒弟顿时臊得满脸通红。

人的一生如果想快乐，就要懂得放下，太过执著必将痛苦。有人会以为放下等同于放弃，其实放下跟放弃是完全不一样的。现代社会，竞争日益激烈。可很多人在工作岗位上舍不得放下，弄得自己和别人都很痛苦。

小刘就是这样一个人，他就职于一家公司，由于没有特别的专长，所以他就大包大揽地干起了公司中所有的杂务。二年后，很多一同进来的人都升了职，只有小刘还是在干着杂务。有一天，小刘终于忍不住了，他跑到经理的办公室问经理，为什么我没有得到升职的机会呢？经理意味深长地告诉他："有时候能放下比总干着要好，如果你把你的工作分一点给别人做，你抽出时间来提高自己的业务水平，你一定会得到升职的机会的。"

小刘错就错在他把别人该干的活都给干了，这样不仅得不到别人的赞赏，还会因为大包大揽一些工作而招致别人的讨厌。小刘没有正视自己的工作，从而失去了很多的东西，也弄得自己很不快乐。

现代社会还有一个现象，就是许多老教师退休了，并没有放弃，而是"漂亮地放下"，再转一个跑道、换一个轨道，再充实自己，为社会继续奉献自己的力量。这就是因放下而"拥有更多轻松自在"。

要是有的人因为失业下岗了，放不下架子，选择自暴自弃，那就是彻底地放弃自己。用智慧心放下固执、转化心境、接受外在环境，人生才能活得更快乐自在。生活中就有太多的"应该放下"而"没有放下"，所以心头才会有那么沉重的压力、那么多的挫折感。有时候，不能放下，还会让自己陷入非常被动的局面。

在亚洲，有一种捉猴子的陷阱，农民把椰子挖空，然后用绳子绑起来，接在树上或固定在地上，椰子上留了一个小洞，洞里放了一些食物，洞口大小恰好只能让猴子空着手伸进去，而无法握着拳伸出来，于是猴子闻香而来，将它的手伸进去抓食物，理所当然地，手便伸不出来。

紧握的拳头伸不出洞口，当猎人来时，猴子惊慌失控，但就是逃不掉。在这个时候是没有任何人捉着猴子不放的，相反地，是猴子自己被自己的"放不下"所俘虏，其实，它只需将手放开就能伸出来，不过，就是内心中贪的欲念所致，鲜有猴子能放下。

因为内心的欲望与执著，使我们一直受缚，我们惟一要做的，只是将我们的双手张开，放下自我与执著，就能逍遥自在了。

一个人觉得生活很沉重，便去见智者，寻求解脱之法。智者给他一个篓子让他背在身上，指着一条石子路说："你每走一步路就捡一块石头放进去，看看有什么感觉。"那人试了试后说道：应该会非常的沉重。

智者告诉他："这就是你为什么感觉生活越来越沉重的道理。生活中我们不断地捡东西放在心里，于是越来越累。"那人问："有什么办法可以减轻这沉重吗？"智者问他："你愿意把工作、爱情、家庭、友谊、金钱、地位、名声哪一样拿出来扔掉呢？"那人不说话了。由此看来，人这一辈子只有两个时候最轻松：一是出生时，赤条条而来，背着空篓子；一是死亡时，把篓子里的东西倒得干干净净，然后赤条条而去。除此之外就是不断往篓子里放东西的过程。心为物役，所以会感觉到累，可是又不愿放弃篓子里的东西，因为每放弃一样东西，心都是会痛的。人生短暂，我们学习豁达些、宽容些、懂得舍弃，不难为自己，也许就能活得轻松些。

关于人生的放下，有一个关于小朋友的故事更能说明我们该怎么做。有一个小学老师在偏远的乡村教书，这天，他来到自己班上的教室，问班上的小朋友："你们大家有没有讨厌的人啊？"

小朋友想了想，有的未做声，有的猛地点点头。

老师接着便发给每人一个袋子，说："我们来玩一个游戏。现在大家想想看，过去这一周，曾有哪些人得罪过你？他到底做了怎么样可恶的事情？想到后，就利用放学时间到河边去找一块石头，把他的名字写在小纸条上贴在石头上！如果他实在很过分，你就找一块大一点的石头。如果他的错是小错，你就找一块小一点的石头。每天把战利品用袋子装到学校来给老师看！"

学生们感到非常有趣且新鲜，放学后，每个人都抢着到河边去找石头。第二天一早，大家都把装着从河边捡来的鹅卵石的袋子带到学校来，兴高采烈地讨论着。一天过去了，二天过去了，三天过去了……有的人的袋子越装越大，几乎成了负担。终于，有人提出了抗议。

"老师，这样我们一天比一天累！"老师笑了笑没说话。等到大家都开口说累的时候，老师开口了。她笑着说："那就放下这些代表着别人过错的石头吧！"

学习宽恕别人的过犯，不要把它当宝一样的记在心上，扛在肩上，时间久了，任谁也受不了的。

放下吧，不然，你不但没有正视自己，更重要的是，你会不堪重负的。

5.有仇不报为宽容

古人云，有仇不报非君子。说的便是有仇报仇，有怨报怨。现今社会，有仇不报却越来越成为时尚，毕竟，面对是是非非，还有很多种比报仇更好的解决方式。其实，古人早就提出了做人要宽容的道理。

孔子的学生子贡曾问孔子："老师，有没有一个字，可以作为终身奉行的原则呢？"孔子说："那大概就是'恕'吧。""恕"，用今天的话来讲，就是宽容。

是的，宽容很多时候都是解决问题的最好方式。俗语说得好：

"怨怨相报何时了"，把我们有限的精力和时间用在我们该做的事情上，比一门心思地"报仇"更能体现人生的意义。

三国时期的蜀国，在诸葛亮去世后任用蒋琬主持朝政。他的属下有个叫杨戏的，性格孤僻，讷于言语。蒋琬与他说话，他也是只应不答。蒋琬还没有说什么，可他的手下就看不惯了，他们在蒋琬面前嘀咕说："杨戏这人对您如此怠慢，太不像话了！"

蒋琬坦然一笑，说："人嘛，都有各自的脾气秉性。让杨戏当面说赞扬我的话，那可不是他的本性；让他当着众人的面说我的不是，他会觉得我下不来台。所以，他只好不做声了。其实，这正是他为人的可贵之处。"诸葛亮在识人用人上有一定的缺陷性，但用蒋琬却是绝对正确的，原因就在于此。后来，有人赞蒋琬"宰相肚里能撑船"，赞扬他的大度和宽容。

宽容可以说是一种胸襟，是心胸宽大、宽厚、富于容忍的一种精神境界。法国十九世纪的文学大师雨果曾说过这样的一句话："世界上最宽阔的是海洋，比海洋宽阔的是天空，比天空更宽阔的是人的胸怀"。大海因为汇集大大小小的百川溪流而成就了海洋的博大和宽广无垠，美丽的天空由于接纳世间万物而风清云淡，生命的伟大就在于它能够包容一切。

在人生的广阔天地里，学会宽容，就意味着你不会再患得患失；学会宽容，就意味着你学会了尊重，学会善待别人也包括你自己；学会宽容，在你的生命里就会充满真爱，你的一生就会豁达，神旷心怡。

宽容是爱的一种表现，是一种对人生最正确的表达方式。古语云："乾坤以有亲可久，君子以厚德载物。"人生无常，做人做事，要首先学会宽容、学会关爱、学会宽厚待人。"天地本宽，而鄙者自隘"，一味地斤斤计较、冤冤相报，非但难以抚平心中的创伤，反而会使彼此的沟通受挫，有失君子之风范。"得饶人处且饶人""退一步海阔天空"，这些名言警句充满了人生的智慧，对我们宽容地生存是最好的启迪。

当然，宽容不可能是纵容、更不是无原则的放纵。在邪恶、丑恶面前退缩不是宽容，怜悯恶人不是宽容而是对人生的不负责任。宽容还不代表无能，更不是软弱。处处宽容别人，绝不是怕事，也不是面对现实的无能为力、无可奈何，宽容恰恰是一种得体的淡泊，是一个人远见卓识、睿智、人格和心胸力量的体现。

唐朝大将军郭子仪，在平定"安史之乱"和抵御外族入侵中屡立奇功，却遭到了皇帝身边的红人——太监鱼朝恩的嫉恨。郭子仪率兵在外征战，鱼朝恩竟然做了一件让郭子仪无法容忍的事情——派人挖毁了郭子仪父亲的墓穴。

郭子仪领兵还朝，众人无不以为会掀起一场血雨腥风，不料当也不太好意思的代宗皇帝忐忑不安地提及此事时，郭子仪伏地大哭，说："臣将兵日久，不能禁阻军士们残人之墓，今日他人挖先臣之墓，这是天谴，不是人患。"郭子仪家仇的烈焰竟被他用国仇的宽容熄灭了。但是郭子仪的宽容没有让鱼朝恩悔悟，而是让鱼朝恩担心了起来。

郭子仪手握兵权，在朝中日益得到皇帝的信任，鱼朝恩担心早晚会被郭子仪收拾，便想来个先下手为强，在家中摆下"鸿门宴"，然后请郭子仪赴宴。鱼朝恩的险恶用心连郭子仪的下属都看得一清二楚，他们极力劝阻郭子仪不要去。郭子仪淡淡一笑，不以为然，只便装轻从，带上几个家僮从容赴宴。鱼朝恩见了惊讶不已，在得知实情后，阴毒无比的一代奸臣竟被感动得嚎啕大哭，从此以后再不以郭子仪为敌，反而处处维护他。

郭子仪一代名将，战场杀伐无人能敌。在做人做事上，他也体现出了高手风采，以他的宽容消灭了一个敌人，为自己增加了一个支持者。

"海纳百川，有容乃大"。为让我们更加快乐，也为了我们生活得更加融洽，学会宽容吧，悉心培养我们宽容的心胸，彼此容纳、

谅解、不固执己见。那么，在生命的天空中，宽容将永远是一片晴天。

其实，在生活中，我们要宽容的不仅是我们的"仇人"，更要宽容我们身边的人。首先，我们应该宽容亲人。正如霍克所说"爱的宽容可以融化一切恩怨"。应懂得用宽容升华爱，化解与爱人之间的矛盾，把握好属于自己的幸福。要宽容属于自己的老人和孩子，宽容老人由于爱我们而经常有的唠叨和管束，宽容孩子由于年幼无知而犯下的错误，由于缺少磨砺而造成的胆小和脆弱。记得萨而丹曾说过"爱是无限的宽容"。其次，我们要宽容朋友。"水至清则无鱼，人至察则无友"、"金无足赤，人无完人"，如果没有一颗宽容之心，总是用挑剔的眼光去衡量朋友，是没有人会跟你做朋友的。友谊如一缕阳光，一阵和风，使人身心温暖而舒适，要想拥有它，就不要埋怨，有时光也会刺你的眼，风也会带来些许尘埃。

宽容是一剂通向幸福的良药。它以豁达、真诚、无私、忍耐、涵养为配方，以快乐为药引，用爱之水煎熬。服此良药，能医好你狭隘、忧郁、痛苦之病症，帮助你健康的身心创造出幸福、美好的生活。

6.远离消极心态，你才会快乐

对于许多人来说，要想将心态从消极转向积极并不是一件容易的事情。因为要想完成这个转变，就必须先认识在心中经常出没的那些消极的思想和情感。一个人有什么样的心态，就会有什么样的人生，你想自己是什么样的人，你就会是什么样的人。心态，关乎着人的命运。本书可以帮助人们树立积极心态，摈弃消极想法，从心态这个"根源"上改变自己，从而实现积极成功的人生目标。

其实，一个人出现自卑和消极的心态正是没有正视自己的表现。从心理学的角度来看，消极心态就是一个人的欲望得不到满足时，在心理上长期出现的极度的失望、压抑等情绪。我们每一个人在不同的条件下都会产生某种消极心态，不要认为有了消极心态就是自己有什么"病"，也就是说消极心态每个人都会产生，只是每个人产生的程度不一样而已。

有两个要好的青年，因喝酒闲聊，与同在饭馆就餐的另几个人打起来，这两个人是打架高手，所以，没几下就打伤了两人。因为酒后出手太重，所以那两人伤势过重，其中一人还险些送了性命。

两个青年人被判了劳改。一年后，两人都出狱了。其中的一人当了装卸工人，他在当工人时积极地调整自己的心态，非常具有进取精神。他在业余时间学习建筑学，经过努力成为了一个有所作为的建筑公司经理。而另一个人却不是他这样的想法，他总觉得抬不起头来，处在苦闷和压抑之中，终因精神负担过重不得不到精神病院接受治疗。两个情况差不多的人，就是因为心态的不同，而得到了截然不同的两个结局。

1981年，世界卫生组织公布了一份资料，世界上有三个长寿地区：巴基斯坦的丰扎，苏联的高加索和厄瓜多尔的贝尔卡邦巴。生活在这些地区的人平均寿命特别高，百岁老人的比例甚至高出其他地区8~12倍。后来几位记者通过采访，详尽地介绍了这三个地区人们的长寿秘诀，其中重要的一条就是心态平和。

有些人总是会比其他人得到更多的机会，也更成功，能赚更多的钱，他们拥有良好的人际关系和健康的身体，整天快快乐乐，似乎他们的生活就是比别人过得好。而许多人忙忙碌碌地劳作却只能维持生计。这中间的原因，其实就在于心态。

一个人被击败了，不是因为外界环境的阻碍，最主要的取决于他对环境如何反应。消极的人允许或期望环境控制自己，喜欢一切听别人安排，可以想像，在这样的情况下，他不可能拥有掌握自己命运的能力，也无法避免失败的厄运。相反，心态积极的经商者总是以不屈不挠、坚忍不拔的精神面对困难，他的成功是指日可待的。积极的人总是使用最乐观的精神和最辉煌的经验支配、掌握自己的人生；消极者则刚好相反，他们的人生总是处在过去的种种失败与困惑的阴影里。

心态，对于每行每业的人来说都是重要的。如果我们没有一个好的心态，就会出现很多让别人很难接受的状况，而这些状况将影响我们的一生。

（1）畏惧：当我们面对困难时，如果我们没有好的心态，就会缩手缩脚，对自己的人生没有目标或对自己的目标缺乏信心，不敢接受任务和挑战。

（2）愤怒：没有好的心态，我们会控制不住我们自己的情绪，让自己偏离到对自己最不利的轨道上去。

（3）冷漠：如果一个人没有好的心态，他会对不关自己的事保持绝对的冷漠，这种冷漠是非常可怕的。

（4）紧张：容易紧张的人，也是没有一个好心态的人。紧张的人其头脑、身体和情绪都会处于焦虑和不安的状态。

（5）忧虑：忧虑是让人痛苦的，没有好的心态，就会成为忧虑的开始。

（6）敌意：过于敌意的人是找不到朋友的，而敌意的出现原因就在于没有一个好的心态。

（7）嫉妒：嫉妒是可怕的，不但会毁了一个人，还会毁掉一个团队。

……

消极心态的人总是忧郁地叹息着：唉，命运已由天注定，再多的努力也是徒劳，听天由命吧。乐观心态的人总是充满激情，他们会时刻自信地鞭策着自己：一切不是生来俱有的，我一定要把握住自己的命运，我具备改变人生的能力。有这样的一个故事：一个跨国的鞋业公司，公司的老总同时指派了两个业务员到非洲的一个国家去考察、开发市场，这两个人兴致勃勃领命而去。

第一个人到达目的地后，很快就发现这里根本就没有穿鞋的人，他们全部都是赤脚走路。虽然有些失望，但是为了更好地完成老总赋予的使命，这位业务员不辞辛劳地深入调查，而调查的结果却令他更加失望，这里的人们连"鞋"的基本概念都没有。此时的他有种万念俱灰的感觉，他在心里想：老总也有笨的，这么个地方，能卖出去鞋才是怪事。他很快就打道回府了。

第二个业务员到达目的地后，看到的结果和第一个业务员看到的情景一样，而调查的结果当然也是不差毫厘，然而他与第一个业务员得出的结论却是天壤之别。他想，大家都没穿鞋，那么在这个地方，鞋一定会成为最畅销的产品。他很快就飞回老总的身边，对老总进行了细致而准确的市场引导。

没过多久，这家公司就在这个非洲国家设了一家鞋厂，很快就

得到了巨大的利润。这个故事说明了一个简单而明了的道理：消极心态的人将永远看不到机遇，幸运之神即使已经向你伸出了幸运之手，你也会拱手奉送。诗人席勒说："未来姗姗来迟，现在像箭一样飞逝，过去永远静止不动。"不管我们曾经有过怎样的过去，今天都要毫不留情的把它抛在脑后；面对未来，无论我们怎样设计和向往，都是一厢情愿。只有以良好的心态去抓住现在，拥有现在，才能含笑面对和迎接未来。

很多时候，我们之所以感到生活枯燥无味，是因为我们的心态是枯燥乏味的。如果想使生活变得有滋有味，就要改变心态——变消极心态为积极心态。只有这样，我们才能改变自己的生活，改变整个人生。

7.坦然面对一切

曾经听到这样一个故事，一个国王问一个乞丐："如果让你做国王，你会快乐吗?"乞丐想也不想地答道："我不要做国王，只要每天有烧饼吃，我就非常快乐了。"

这个乞丐在至高无上的地位面前，毫不动心，而是要那么一点温饱就满足了。所谓"知足常乐"就是这个道理。

在现实生活中，由于社会的进步，生活水平的提高，人们对快乐的要求不断提高，人们制造了许多更高层次的快乐，获得快乐的方式也数不胜数。但是为什么总是有许多腰缠万贯的人却抱怨自己

158

有太多的苦恼，找不到快乐呢？只有一个原因，就是对生活不够宽容、不够坦然。

有句话说"人生不如意常居八九，"就是说生活中不可能事事如意。在获得成功之前总会遇到许许多多的挫折和失败，我们不可以也不可能细细盘算。

曾经看到那些假日垂钓者，一早出门，到了夕阳之下却拎着空空的鱼篓回家，仍是一路欢歌。我不禁惊讶，付出了一天的时间却无所收获，怎么还可以快乐满怀？给我的回答是："我虽然钓不上鱼，却钓上来一天的快乐。"

许多事情的得失或成败我们不可预料，我们只要乐观、宽容地面对就足够了。

尽管生活中有许多不幸，但也有许多乐事。我们为何不放弃那些令人烦恼的事，而去寻找和发现一些让人欢欣让人高兴的事呢？

有一个小和尚非常苦恼沮丧，禅师问他何故，他回答：东街的大伯称我为大师，西巷的大婶骂我是秃驴，张家的阿姐赞我清心寡欲，四大皆空，李家的小姐却指责我色胆包天，凡心未了。究竟我算什么呢？禅师笑而不语，指指身边的一块石，又拿起面前的一盆花。小和尚恍然大悟。

其实，禅师的笑而不语，正是一语道破了生命的本义。他的意思是说，石块就是石块，花朵就是花朵，自己就是自己，根本不必因为别人的说三道四而烦恼。别人说的，由得别人去说，那只是别人的看法而已。只要自己活得坦然，自己有自己的生活态度就行了。

坦然自在并不是没有事可做，而是永远做自己的事。

现实生活中我们也常常遇见类似的事情。当某人做了一件善事，引起身边同事们的注意时，会听到各种截然不同的评论。张三说你做得好，大公无私；李四说你野心勃勃，一心往上爬；上司赞你有爱心，值得表扬；下属则说你冷漠无情，毫无创意……总之，各种各样的议论，有的如同飞絮，有的好似利箭，一一迎面扑来。怎么办呢？最好的办法，就是抱着有则改之，无则加勉的心态。众说纷纭，莫衷一是时，更可以学习学习鲁迅先生，躲进小楼成一统，管他春夏与秋冬。别人说的，让人去说；别人做的，让人去做。嘴巴长在人家脸上，你想控制也控制不了。然而，绝不要被人家的评议牵住自己，更不要为别人的言语苦恼自己。记住，自己就是自己，自己才是自己的主人！

一只新组装好的小钟放在了两只旧钟当中。两只旧钟滴答、滴答一分一秒地走着。其中一只旧钟对小钟说：来吧，你也该工作了。可是我有点担心，你走完三千二百万次以后，恐怕便吃不消了。

天哪！三千二百万次。小钟吃惊不已。要我做这么大的事？办不到，办不到。另一只旧钟说：别听他胡说八道。不用害怕，你只要每秒滴答摆一下就行了。天下哪有这样简单的事情。小钟将信将疑。如果这样，我就试试吧。

小钟很轻松地每秒钟滴答摆一下，不知不觉中，一年过去了，它摆了三千二百万次。

每个人都希望梦想成真，成功却似乎远在天边遥不可及，倦怠和不自信让我们怀疑自己的能力，放弃努力。其实，我们不必想以后的事，一年、甚至一月之后的事，只要想着今天我要做些什么，明天我该做些什么，然后努力去完成，坦然自在地做这些事情，它就会变得很容易。

一项发明创造的诞生，一个灵感的来临，不是在冥思苦想的紧张思考中，而是在紧张之后的放松时刻产生的。放松出灵感。

过于谨慎，反而出现医学界的所谓"目的颤抖"。你试过穿针引线吗？如果你在不熟练的情况下，每想起把线穿过针眼时，你的手就不由自主地颤抖起来，线一下子就穿歪了。还有人在签名时，在往细颈瓶灌水时都会出现手发抖的现象，这都是由于过于谨慎而导致的目的颤抖。

放松的技巧锻炼可以帮助这些人，而且往往能收到明显的效果。通过这种锻炼，他们学会放松过度的努力和过度的"目的性"，克服在避免错误和失败时产生的过度谨慎。

正确的方法是：总是微笑着坦然面对人生，对待别人，不要过于在乎"别人怎样想"，"别人如何看我、评价我"，不要过于谨慎地去取悦别人，不要对别人的真正的或猜想出来的不赞成过于敏感。不包装自我，也不包装别人，永远不要有意识地"想"让别人对你印象好。你坦坦荡荡，待人以诚，在工作中有一份热发一份光，敬业、勤奋，给别人的印象怎么会不好？反之，一味小心谨慎，一味包装自己，一味取悦别人，结果，会适得其反，别人倒会对你产生不好的印象！

翻阅古今中外的人物传记，看一看那些政治家、军事家、科学家、企业家，那些创造过辉煌业绩的人们，哪一个不是大将风度，哪一个不是微笑对待人生，坦诚对待别人。古人不是说过，"君子坦荡荡，小人常戚戚"吗？"常戚戚"者，一天到晚在意别人的印象、看法、评价，弄得自己天天"如箭在弦"，紧张兮兮的；"坦荡荡"者，不在意别人的评价，而是一心放在事业上，追求事业，追求卓越。这样，他就没有心理负担，没有思想羁绊，他的思维十分活跃，真可谓"思接千载，视通万里"，随时迸发出创造火花。

常常听到有些人感叹，活着真累、真烦！但有人却经常对自己说，活着是一件很美好的事情。又有人常常想我应该感激生命，惟有有幸成为生命的载体，我们才能感受到人世间的一切，才能感受到温暖与快乐，才能体会到智慧的力量，才能感受到人格的尊严，才能抒写出生命的赞歌！

生命的幸福与困厄不在于降临的事情本身是苦是乐，而是要看我们如何面对这些事，所以人们喜欢坦然面对生活！坦然是一种失意后的乐观，是沮丧时的一种调适，是平淡中的自信。

　　其实，人生就像一曲旋律，曲中充满抑扬顿挫和悲欢离合，关键在于我们如何去把握生活，多一分乐观，少一分忧愁，正如事事退一步海阔天空。我们应该享受平淡带给我们的温馨，清心寡欲能带来意想不到的成功和喜悦。希望每一位朋友都能坦然地面对生活，在坦然中求得一分快乐。

第六章　积极思考，向困境说"再见"

积极的人像太阳，照到哪儿哪儿亮；消极的人像月亮，初一十五不一样！困境，其实是人生最大的赐予。只有困境才能激发自己的潜力，让自己认清人生的真谛。

1.经过苦难的人生才幸福甜蜜

生活，就像一朵玫瑰，那样的美丽，可也有坚硬的刺，叫你一不小心就受到伤害，付出痛楚的泪。在人的一生中，一帆风顺的事是没有的。生活不仅教会你笑，也会叫你体会泪水的苦涩。一个人要学会以微笑去接受一切，这样才会懂得人生甘多于苦。绝不能受到一点磨难，就断定生活如暗夜行路，永远是无尽的黑暗。这种错误的人生观对自己是无益的。只看到生活多磨难的一面，而看不到它美好、令人向往的一面。

使人经受考验并从中受益的不是舒适和安逸，而是磨难和困境。苦难美化人的个性，教给人以耐心和服从，提升出最深邃和最高尚的思想。最优秀的人都经历过苦难，假如幸福是人生的目标，那么苦难就是达到这一目标所必不可少的条件。苦难从一方面看是不幸的，从另一方面看是一种磨练，苦难往往是化了妆的幸福，也就是说"黑暗并不可怕"，苦难往往是令人心酸的，但它有益于身心，惟有经过苦难，才能学会承受，才能变得坚强，从极度的悲伤和苦难中所获取的智慧一定比欢乐幸福中产生的智慧要丰富得多。

有一个女人，为了报复一个曾经伤害过她的男人，而劫走了他的婴儿。她把孩子交给一个巫师，要求巫师对这个孩子用最凶残的方法施行报复。不久，巫师通知这个女人说，他已经用了最残酷的方法，要她到指定的地方去看一看。女人不看则罢，一看大怒——

165

那个孩子居然被当地一位富翁收养了！她立即跑去责问巫师。巫师叫她不用急，等着瞧。最后的结果，连这个凶狠的女人，也觉得如此报复太过分了。原来，孩子在骄奢中成长，没有强健的体魄、坚韧的意志和吃苦耐劳的精神。在家庭突然破产和贫困的沉重打击下，软弱无能，每况愈下，卑贱污秽，生不如死。在徒然挣扎一段时间后，终于疯狂自杀。

一个能够磨练人的环境，是一个人走向成熟的重要一环。一个人遭遇痛苦与挑战之后，会锤炼出超人的意志力及克服挑战的勇气。

一个优秀的人是可以靠环境磨砺成才的，能够选择适当的环境磨练自己的人，将永远是这个世界最好的适应者。环境对人的影响和暗示，其力量之大、之深刻，不容忽视。积极成功的良性循环与消极失败的恶性循环，区别在于环境。

环境会塑造一个人的形象，也会影响一个人做事的方法。你所喜欢的各种东西、个人的工作目标、生活态度与个性，都是由过去与现在的种种环境所造成的。你今天的模样、个性与野心，目前的身份与地位，大部分都是你自己的心理环境所造成的。随着岁月的消逝，你会有所改变。

"火，考验黄金；灾难，考验勇者。"人要成功，往往需要一个可以刺激成长的环境，需要经过苦难的磨练，需要设定一个"对手"来激发无限潜能。

不必对工作不适抱怨连连，更不能心安理得地过舒服的日子，在艰苦环境中锤炼你的意志，这是人生不可缺少的环节。只有勇敢地选择过环境，顽强地改造过环境，坚强地适应过环境，你才能够说，作为真正意义上的人，你活过了！

只有苦难，才能锻造出芬芳的花香。回顾历史，大禹治水栉风沐雨；勾践卧薪尝胆终吞吴；孙膑受刖足之刑而成兵法；韩信受胯下之辱而成大器挥师百万；屈原饱受艰辛而成《离骚》；司马迁受宫刑而完成《史记》；曹雪芹户牖瓦灶而成《红楼梦》……从古到今，俯拾皆是，不胜枚举。

人生在世，酸甜苦辣都是营养，风雨雪霜皆为滋润，苦难成了奋进的动力，前进的基石，向上的台阶。人生在世，自当经历苦难，体味苦难，感谢苦难。

在生活的道路上，极少有人是一帆风顺的。一帆风顺只是每一个人的美好愿望。在人生的道路上人们不免会遭到这样或那样的苦难，有的人在苦难中奋起，做出了惊人的成绩，但有的人却没有勇气正视这样的人生，沉沦下去，颓废一生。"人生是由往复不断的挫折、快乐组成的。那种永远是蔚蓝的天空只存在于心灵之间，向现实的世界去要求未免只是奢望。"面对苦难和折磨，对于一个坚强的人来说，就是一种考验，它可以磨练一个人的意志，让人走向成功，走向事业的辉煌。任何一项事业的重大成就都是一波三折的，绝没有一帆风顺的道理。

镭的发现者玛丽·居里在研究镭的过程中也是充满了挫折。兄弟、丈夫在实验中丧生，家庭经济因为实验而捉襟见肘，一次又一次的挫折打击着她，生活的苦难又逼近她，但她没有放弃，也没有沉沦，而是在一次又一次的挫折中奋起，在苦难中坚信自己的事业，最终提炼出镭，获得诺贝尔奖，同时也造福了人类。

试想，一个人如果不敢挑战世界，只会跟在人家后面，谨小慎微，那么他的灵魂还有什么不可替代的独特性与创造性可言呢？因此，一个真正有所作为的人，他必定不肯循规蹈矩、人云亦云地随大流而上下起伏，他必定对任何现存的规范准则都要大胆地反思和追问；他必定举世皆醉而独醒，必定有着与众不同的真正独创的思想，因而也必定会感受到别人所感受不到的痛苦。有时甚至会看不到前途，看不到出路，看不到希望，要知道没有大孤独大痛苦就必然成不了大思想和大境界。

尼采有这样一首诗："谁终将声震人间，必长久深自缄默；谁

167

终将点燃闪电，必长久如云漂泊。"缄默和漂泊这种痛苦酝酿着日后惊天动地的雷霆风暴！尼采一生不为当时的人们所发现，但是他的学说最终却震撼了整个西方的思想界。从鲁迅"五·四"前后的作品中我们也不难体会到一种觉醒者所特有的孤独与彷徨，然而这种孤独彷徨恰恰正是那个时代思想活力尚存、灵魂之声尚未沦亡的标志！如果没有这种来自怀疑和否定的苦闷，如果不首先历经这种精神炼狱之伤痛，鲁迅就不成其为鲁迅，社会也就不能前进。这是一种逻辑的必然，也是人生的必然。

人们忙于日常生活，忙于工作、交际和娱乐，难得有时间想一想自己，也难得有时间想一想人生。当人们遭到厄运时，忙碌的身子停了下来。厄运打断了人们所习惯的生活，同时也提供了一个机会，迫使人们与外界事物拉开了一段距离，回到了自己。只要人们善于利用这个机会，肯于思考，就会从人生获得一种新眼界。古罗马哲学家认为逆境启迪智慧，佛教把对苦难的认识看作觉悟的起点，都自有其深刻之处。人生固有悲剧的一面，对之视而不见未免肤浅。一个历尽坎坷而仍然热爱人生的人，他胸中一定藏着许多从痛苦中提炼的珍宝。

苦难不仅提高一个人的认识，而且也提高一个人的人格。苦难是人格的试金石，面对苦难的态度最能表明一个人是否具有内在的尊严。每个人的人格并非一成不变的，他对痛苦的态度本身也在铸造着他的人格。不论遭受怎样的苦难，只要他拥有采取何种态度的自由，并勉励自己以一种坚忍高贵的态度承受苦难，他就比任何时候都更加有效地提高着自己的人格。

凡苦难都具有不可挽回的性质。不过，在多数情况下，这只是指不可挽回地丧失了某种重要的价值，但同时人生中毕竟还存在着别的一些价值，它们鼓舞着受苦者承受眼前的苦难。譬如说，一个失恋者即使已经对爱情根本失望，他仍然会为了事业或为了爱他的亲人活下去。

　　积极思考能使一个懦夫成为英雄，从心志柔弱变成意志坚强；由软弱、消极、优柔寡断的人，变成一位积极的人。在人生竞技场上，大致有三种人：一种是"旁观者"，另一种是"失败者"，还有一种是"成功者"。积极思考有时之所以无效，最重要的原因是，没有真正去运用这一原则。积极思考需要不断训练、学习，并持之以恒。积极思考的基本原则是能使自己的大脑预备成功的先决条件。实际上，从你现在的思考模式，便能预测你将来成功与否。正确地评价自己，这也是成功的最重要、最基本的条件，成功者总是首先在心里确信自己存在的价值。

　　人的潜能首先在人的思考中得到开发。因为能改变你的是你的信念！有两个情况基本一样的人，他们出身一样，身体一样，收入相等，都没有女朋友，但是有一个整天很高兴，一个整天愁眉苦脸，这是怎么回事呢？很简单，一个积极思考，一个消极思考！积极的人相信女朋友很快会有的，钱也会挣到的，出身不是很好，但能达到今天已经不错了。消极的人会想，我年纪这么大了一个女朋友也没有，房子买不到，没有好父亲，落到这种地步。

　　思考方式不同会导致不同的结局，成功者的积极思考：永远往好的方向思考，任何事情的发生必有其目的，并且有助于我。重要的不是发生了什么事，而是要做哪些事来改善它。我对我的生命完全负责。假如我不能，我一定要；假如我一定要，我一定能。我一定要，马上行动，决不放弃。

　　不经摩擦的火石不会发出火花，不经过苦难的人生也注定难成大器。塞万提斯是在马德里潮湿的监狱里写成举世闻名的《唐·吉诃德》的，那时的他穷困潦倒，甚至无力购买稿纸。有人劝一位富翁来资助他，可富翁说："上帝禁止我去救济他，他的贫穷会给世界带来富有。"

　　在华脱堡的监狱里，马丁·路德把圣经译成了德文。在被放逐的 20 年中，他仍孜孜不倦地工作，于是成了一代宗教领袖。

犹太人几千年来一再受到异族的压迫，正是这个苦难的民族，为世界贡献了最可贵的诗歌、最明智的箴言、最动听的音乐、最伟大的科学。对于犹太民族而言，似乎正是压迫造就了他们的繁荣。直到现在，犹太人仍然很富有，不少国家的经济命脉，几乎都掌握在犹太人手中。

真正勇敢的人，环境愈是恶劣，反而愈加奋勇，不颤栗不退缩，意志坚定，昂首阔步。他敢于正视困难，嘲笑厄运，一切坎坷都不足以损他分毫，反而只会增强他的勇气。

有这样一则寓言故事：有一天，森林之王狮子，来到上帝面前轻轻吼了一声，说："很感谢你赐给我如此雄壮威武的体格、如此强大无比的力气，让我有足够的能力统治这整座森林。但是每天鸡鸣的时候，我总是会被鸡鸣声给吓醒。神啊！祈求您，再赐给我一个力量，让我不再被鸡鸣声给吓醒吧！"

上帝笑道："你去找大象吧，它会给你一个满意的答复的。"

狮子兴匆匆地跑到湖边找大象，还没见到大象，就听到大象跺脚所发出的"砰砰"响声。狮子加速地跑向大象，却看到大象正气呼呼地直跺脚。狮子问大象："你干嘛发这么大的脾气？"大象拼命摇晃着大耳朵，吼着："有只讨厌的小蚊子，总想钻进我的耳朵里，害的我都快痒死了。"

狮子离开了大象，心里暗自想着："原来体型这么巨大的大象，还会怕那么瘦小的蚊子，那我还有什么好抱怨的呢？毕竟鸡鸣也不过一天一次，而蚊子却是无时无刻不在骚扰着大象。这样想来，我可比他幸运多了。"

狮子一边走，一边回头看着仍在跺脚的大象，心想："上帝要我来看看大象的情况，应该就是想告诉我，谁都会遇上麻烦事，反正以后只要鸡鸣时，我就当作鸡是在提醒我该起床了，如此一想，鸡鸣声对我还算是有益处呢！"

在人生的路上，无论一个人走得多么顺利，但只要稍微遇上一些不顺的事，就会习惯性地抱怨老天亏待我们。事实上，老天是最公平的，每个困境都有其存在的正面价值。

只有经过苦难的人生才幸福甜蜜。在人的一生中，谁都难以躲过"吃苦"这一关，如果在该吃苦的时候不吃苦，那么到了不该吃苦的时候就一定会吃苦；如果在年轻的时候不能吃大苦，那么年老的时候就不可能享大福。一个人的一生要活得尽可能完美，那就要以一种积极的态度去对待人生，认识人生的苦难，也要发掘人生的美好，这样的人，才是真有长进的人，才是生活的主人，才会有真正的幸福。

2.坚持下去就会有好运气

人人都渴望成功。成功所需具备的条件有许多，各有不同，但对于我们来说坚定的信念是必不可缺的，一个人能不能将任务执行到底，关键是看他有没有坚持到底的决心。世界上没有唾手可得的成功，所以我们只有经得住反复锤炼，才有可能达到目的。只要我们持有一种永恒不变的信念，那么这样我们才能有惊人的耐心坚持到成功的到来。

人们在生活中无不遭受苦难，有多大的痛苦就会迎来多大的成功。荀子说："骐骥一跃，不能十步，驽马十驾，功在不舍。"这也正充分地说明了坚持的重要性，骏马虽然比较强壮，腿力比较强

健，然而它只跳一下，最多也不能超过十步，这就是不坚持所造成的后果；相反，一匹劣马虽然不如骏马强壮，然而若它能坚持不懈地拉车走十天，照样也能走得很远，它的成功在于走个不停，也就是坚持不懈。

孟子有名言说，"天将降大任于斯人也，必先苦其心志，劳其筋骨，饿其体肤，空乏其身，行拂乱其所为，所以动心忍性，增益其所不能。"英国有句谚语"只要努力，蜗牛也能爬到诺亚的方舟上去"。因此说，胜利贵在坚持，要取得胜利就要坚持不懈地努力，饱尝了许多次的失败之后才能成功，即所谓的失败乃成功之母，成功也就是胜利的标志，也可以这样说，坚持就是胜利。

成功人士，往往都是极具韧性的人。假如富兰克林·皮尔斯不是世界上最有韧性的人，他根本就不可能当上美国总统。当他在律师界初试锋芒的时候，他几乎陷于彻底的失败。尽管他十分苦恼，但他并没有采取许多人可能采取的态度——气馁和沮丧。他说，他将尝试999次，如果还是失败的话，他将进行第1000次努力。有了这样一种坚持不懈的精神，就没有做不成的事情，世界上没有什么东西能抗拒这样一种坚定的意志力。

许多成功的人发现他们最大的成功是经历最大的失败后跨过一步就得到的。因此当你快要接近目标时遇上了问题，即使很小，也千万不要放弃，你最大的成功很可能就在你全面失败的后面一步。坚持目标，不一定坚持方法。我们常听别人鼓励我们坚持下去，但是坚持目标却不见得一定要坚持策略。不妨将坚持和实验精神结合。

《史记》的作者司马迁，在遭受了腐刑之后，发愤继续撰写《史记》，并且终于完成了这部光辉著作。他靠的就是坚持，如果他在遭受了腐刑以后就对自己失去信心，不坚持写《史记》，那么我们今天就不会看到这本巨著，所以他的成功，他的胜利，最主要的还是靠坚持不懈的精神。

达尔文二十年如一日的研究生物学，无论在风急浪高的远洋考察船上，还是在条件简陋的实验室里，他始终坚持不懈，最终发现了生物进化的规律。门捷列夫在各方面人士都反对他的研究的情况下，仍坚持研究，终于制定了完备的元素周期表。还有法拉第电磁感应定律的提出，孟德尔遗传规律的发现，哪一样不是长期坚持不懈的结果？只有坚持下去不放弃才能使自己得到成功。

歌德六十年坚持不懈，最终创作出了宏篇巨作《浮士德》；贝多芬失聪后依然坚持不懈，最终创作出了伟大的《命运交响曲》；由此可见，无论是在科学、文学、艺术或是其他任何方面，要取得成功，坚持不懈的毅力都是必不可少的。

坚持不懈与充分的自信一样，都是取得成功的必备素质。如果你想与众不同，如果你想取得成功，那么你要拥有的最重要的素质就是你能够比任何其他人坚持得更久的能力。这正如有人挖井找水，很多人挖了深浅不一的井，没有找到水就放弃了，只有一人坚持往下挖，挖的比别人都深，最后出水了。只要坚持才能见到效果，只有坚持才能走向成功。

坚持需要耐心，我们不要轻易的就放弃，俗话说，"心急吃不了热豆腐"。坚持是生存的一种本领，也是一种耐心和等待。

一位著名的推销大师，即将告别他的推销生涯，他就在该城中最大的体育馆，做告别职业生涯的演说。

那天，会场座无虚席，人们在热切地、焦急地等待着那位当代最伟大的推销员做精彩的演讲。当大幕徐徐拉开，舞台的正中央吊着一个巨大的铁球。为了这个铁球，台上搭起了高大的铁架。一位老者在人们热烈的掌声中走了出来，站在铁架的一边。他穿着一件红色的运动服，脚下是一双白色胶鞋。

人们惊奇地望着他，不知道他要做出什么举动。

这时两位工作人员，抬着一个大铁锤，放在老者面前。主持人这时对观众讲：请两位身体强壮的人到台上来。好多年轻人站起来，转眼间已有两名动作快的跑到了台上。

老人告诉观众们游戏的规则，请他们用这个大铁锤，去敲打那个吊着的铁球，直到把它荡起来。一个年轻人抢着拿起铁锤，拉开架势，抡起大锤，全力向那吊着的铁球砸去，一声震耳的响声，吊球动也没动。他接着用大铁锤接二连三地砸向吊球，很快他就气喘吁吁。另一个人也不示弱，接过大铁锤把吊球打得叮当响，可是铁球却还是一动不动。台下逐渐没有了呐喊声，观众们好像认定那是徒劳的，就等着老人做出解释。

会场恢复了平静，老人从上衣口袋里掏出一个小铁锤，然后认真地对着那个巨大的铁球敲打起来。

他用小锤对着铁球"咚"敲一下，然后停顿一下，再一次用小锤"咚"地敲一下。人们奇怪地看着，老人就那样"咚"敲一下，然后停顿一下，就一直持续地做着。

10分钟过去了，20分钟过去了，会场早已开始骚动，有的人干脆叫骂起来，人们用各种声音和动作发泄着他们的不满。老人仍然敲一小锤停一下地工作着，他好像根本没有听见人们在喊叫什么。这时人们开始愤然离去，会场上出现了大片的空缺。留下来的人们好像也喊累了，会场渐渐地安静下来。

大概在老人敲打了40分钟的时候，坐在前面的一个妇女突然尖叫一声："球动了！"刹那间会场鸦雀无声，人们聚精会神地看着那个铁球。那球以很小的幅度动了起来，不仔细看很难察觉。老人仍旧一小锤一小锤地敲着，吊球在老人一锤一锤的敲打中越荡越高，它拉动着那个铁架子"哐哐"作响，它的巨大威力强烈地震撼着在场的每一个人。终于场上爆发出一阵阵热烈的掌声，在掌声中老人转过身来，慢慢地把那把小锤揣进兜里。

老人开口讲话了，他只说了一句话："在成功的道路上，你如果没有耐心去等待成功的到来，那么，你只好用一生的耐心去面对失败。"

一个成功者是从来不对困难和挫折屈服的，英国首相温斯顿·丘吉尔在面对德国法西斯的疯狂进攻时，就曾对他的国民说过："不要屈服，永远不可屈服！"这不但是一句振奋英国全民的豪言壮语，也是他最重要的人生总结。

二战时期的英国首相邱吉尔是一位著名的演讲家。他在一所大学的毕业典礼上进行了他生命中最后一次演讲，这次演讲也许是世界演讲史上最简单的。不知道是不是因为当时他年纪太大了，到了台上以后，半天都没有说话，终于，他张嘴说话了："坚持到底，永不放弃！"说完之后，便不再作声了。

半天又说了一句话："坚持到底，永不放弃！"。

又没有声音了。

又老半天，说话了："坚持到底，永不放弃！"

就这样，在整整 20 分钟的演讲过程中，他只讲了这样一句话：坚持到底，永不放弃！

然后，邱吉尔便晃晃悠悠地下台了。

这时候场上响起热烈的掌声。

就是这句简单而有力的话深深地震撼了台下所有的人，人们清楚地记得，在二次世界大战最惨烈的时候，如果邱吉尔不是凭借着这样一种"坚持到底，永不放弃"的精神去激励英国人民奋勇抗敌，大不列颠可能早已成了纳粹铁蹄下的一片焦土。

虽然邱吉尔没有用太多的话语，却用他一生的丰功伟绩告诉人们：成功虽然有一些秘诀、法则、诀窍。但是，保证最后一定能成功的永远都是：坚持到底，永不放弃！

坚持，也许是成功边缘的最后一次考验；是意志的试金石。假如我们在必要的时候总是能坚持一下，也许成功的曙光离我们就更近了。坚持，是一种耐力，也是一种品格，是以一种顽强不屈的精神去做一件自己想做的事情。

我们只要坚持到底就会赢得成功。"只要功夫深，铁杵就能磨

成针。"这是百世流传的佳话。人只要有毅力能够坚持，就可以获得成功。这就是说，成功贵在坚持。成功在于坚持，只要你有决心有毅力，就能够达到成功的彼岸，反之，你会抱憾终生。

3.此路不通彼路通

俗话说：条条大路通罗马。通向成功的路不止一条，是的，人生有很多成功，金榜题名是成功，加官晋爵是成功，激流勇进也是成功。所以在追求成功的道路上，没必要一条路走到黑，不到南墙不回头。有人说如果这时改变了主意，就是对自己最初选择的一种背叛，其实也许会恰恰相反，放弃曾经的并不说明你的整个人生从此暗淡无光，有时果断地放弃，是为了把握住更好的，更多的。

我们赞赏锲而不舍的奋斗精神，但要成就一番事业，放弃和锲而不舍并不矛盾。"放弃"，是指在面临矛盾时，敢于面对现实、分析利弊、冷静思考，然后舍弃不利因素，选择自己认定的目标，并且坚持下去。所以，今天的放弃只是为了明天更好的得到，放弃是剪刀，生命之树剪除病枝赘叶后，更显勃勃生机。鲁迅弃医从文，成为了文学巨匠；梵高拒绝做传教士而成了有名的画家。

记得听过一个讲座，有位现代很知名的作家讲述自己成功的秘诀，他说自己的成功第一要归功于坚持，第二也是坚持，第三还是坚持。忽然有人问：有第四吗？在场的人都笑了。"如果有第四，那就是放弃。"作家很认真地告诉提问的人说，"如果你坚持了仍不成功，恐怕就是你努力的方向出了问题，或者是你的才能与成功难以匹配，这个时候，放弃比坚持更难得，也是你最明智的选择。你应当及时调整自己，寻找新方向。"

"放弃"的前提是必须先有自知之明，对自己所能所愿所长所短有个清醒的认识，再做取舍。所以，放弃是对生命的一种过滤，是对自己重新认识和发现，是对追求方式的一次改革。学会放弃，是为了成功地跨越生命，更快地驾驭人生。

有位投资专家评价得妙："比尔·盖茨聪明的过人之处，不但是在于他知道做什么，而且在于知道不做什么，知道应该放弃什么。"如果明知一条路不适合自己，硬撑着走下去，只会浪费时间和精力，甚至误了前程，所以应该学会放弃。

少年时代的徐宝琦就展露出文学上的天赋，但最先让他崭露头角的却是音乐。他曾花两角钱买了一支竹笛，并着了魔似地苦练，两年时间就吹红了家乡的古城，15岁时便被破格录取为文艺兵。之后，他随部队四处演出，吹遍了长城内外、大江南北的舞台。即使这样，他也一天都没有停止过对文学的追求。为了心爱的文学，他放弃了吹笛子。

1989年，"放弃"终于帮助徐宝琦敲开了成功的大门，已39岁的他被解放军艺术学院破格录取为学员。"放弃"也让他尝到了成功的喜悦，他创作的《青石门》获第三届全军文艺新作品一等奖，中篇小说《二嫫》《大苇塘》获《当代》文学奖。

成功往往就蕴含于取舍之间，不少人看似素质高，但他们因为难以舍弃眼前的蝇头小利，而忽视了更长远的目标。如果你的手能伸进那个珍贵的瓶子里，但当拿到里面的东西出不来时，一定要记住，将这个东西丢弃了，或者将珍贵的瓶子给打烂，还有一个办法就只有舍弃胳膊。无论哪一种方法，都在提醒我们要"放弃"。就像徐宝琦所说，"贪"是大多数人的毛病，有些人什么都不愿放

弃，结果却什么也得不到。想一想，确实如此，当年他如果不选择那方面的"放弃"，也许就不会有今天在文坛上的成就。

成功者往往就是抓住了一两次被人忽视的机遇，而机遇的获取，关键在于你是否能够在人生道路上进行勇敢的取舍。

然而，"放弃"需要极大的勇气，谁都不愿轻易放弃曾经努力的一切，谁都不愿将以往的都付之东流，所以，人们最不愿意提到的莫不是"放弃"一词，因为它往往同失败、无奈联系在一起，是一种逃避的象征。但是，任何事情都不是绝对的，如果一开始没成功，再试一次，仍不成功就要去寻找真正的原因，这时如果再坚持，可能是一种愚蠢的坚持，对你的成功有害无益。所以，一旦当你发现自己与目标有着不可逾越的距离时，放弃它，寻求另一条通往成功的道路，那未必不是一种睿智与洒脱。因此，有时候的放弃，其实是一种成功，或者是另一个起点的开始，人生有很多的机会可以供我们选择，我们完全没必要为了一时的面子而固执到底。春蚕吐丝而放弃了好好的生存方式；母蝎以自己的躯体作小的食物，哺育小蝎长大。它们都是"成功者"，为大自然的协调做了"贡献"。

动物如此，我们人类也应如此。俗话说："退一步海阔天空。"有了放弃，也许才有了更多的选择，也会同样铸造一个人的成功，如果一个人连选择的余地都没有，那么这个人真的要放弃了。这才是生活的弱者，因为他总是把自己逼上绝路，连给自己选择的机会都没有。

所以放弃，意味着更大更远的追求，意味着做出比原来成百上千倍的努力。放弃是有目的的，所以，放弃也意味着丢掉那些不可能的途径，这样，后来的努力才不会白费，你离成功才更近一步。

在师范院校毕业之际，痴迷音乐并有相当音乐素养的卢卡诺·帕瓦罗蒂问父亲："我是当个教师呢，还是做个歌唱家？"父亲回答说："如果你想同时坐在两把椅子上，你可能会从椅子的中间掉下去。只坐其中的一把椅子才能坐得稳当"。帕瓦罗蒂选择了一把椅子——做个歌唱家。经过七年的努力，帕瓦罗蒂才首次登台亮相。又经过了七年，他终于登上大都会歌剧院的舞台，坐上了世界歌坛巨星的宝座。

中国有句老话"有所不为才能有所为"。只有放弃才能专注，才能全力以赴。适时的放弃是一种超脱。惟有放弃，负担才得以解脱，才会轻松做人；惟有放弃，人生才得以喘息，才能专注于某一件事；惟有放弃，新生才有可能，才能更快地走向成功。知其不然而放弃，是一种明智之举，为探知新生而放弃，更是一种积极前进的努力。放弃只是意味着梦的暂时破灭，因为你看清了它是"梦"，所以才要积极地去放弃。

同样的一句话"舍得舍得"：有舍才有得。

某天，一位餐厅服务员端着托盘在顾客中行走，因不小心与顾客碰了一下导致托盘不稳即将倾倒，这时候，服务员果断地将倾斜的托盘投向了自己，结果弄得自己一身果汁，而顾客却安然无恙，此举被老板看在眼里，不久这位服务员就得到提升。

因为放弃了自身的"利益"，她获得了"成功"，所以放弃并不意味着失败，有时放弃是一种胜利。

放弃对于每一个创业者来说都是件痛苦不堪的事情。然而，有时候，选择放弃，自我否定，就是战胜了此生最大的敌人。退后一步，就是给自己开拓了更宽广的前进空间。每一次放弃，都会觉得又变聪明了一点，于工作、于公司、于自己，道路看得更清楚一些。因为，适时的放弃能让你腾出精力去做更有意义的事情，能让你避免浪费有限的资金以便"东山再起"。

三百六十行，行行出状元，人活着，没有必要非在一棵树上活活被吊死。要试着放弃，也只有放弃那些不适合你的东西，才能增进你的人生阅历，放宽你的视野，拓展你的人生之路，从而达到成功的目的。如果把成功比作是一艘船，把坚持比作是舵手的话，那放弃就应当是这个舵手的眼睛。不管这个舵手他有多出色，也不管他有多优秀，没有一双犀利能分辨方向的眼睛，那对他来说也是徒

劳无功甚至是危险的事，更甭说成功了。

成功者善于放弃，善于从损失中看到价值。放弃应该是一种自信的体现。没有信心的人总是患得患失、优柔寡断，在自怨自艾中一次次错失良机，使自己陷入恶性循环中不能自拔，他们永远不会懂得放弃。哪怕成功并不能立刻到来，他们仍然感受到阳光在不远的前方，只要朝前看，努力不懈，最终会有回报。

勇于放弃，坚持你自己的选择，并为之努力不懈，才能重新寻找生命的激情和亮点！

人一生中需要放弃的太多，放弃不能承受之重，放弃心灵桎梏，该放弃时就要放弃，放弃是一种超越，一种生存智慧。

如果你的成功已达顶峰，你更要学会放弃，激流勇退，给世人留下辉煌的记忆。放弃是一种智慧，放弃是一种豪气。善于放弃者，一生无忧，百岁无忧，轻轻松松做人。击碎幻想，直面现实，人生便得到又一次磨练，生活会掀开新的篇章。

4.有明确的目标才会成功

任何一次成长与行动之前，最好给自己制定明确而有力的目标，这是非常重要的一个步骤，因为缺少了目标，你往往会不知所措。希尔也认为，所有成功，都必须先确立一个明确的目标，当对目标的追求变成一种执著时，你就会发现所有的行动都会带领你朝着这个目标迈进。是啊，一个人要想成就一番事业，就应该有一个明确的奋斗方向。如果没有明确的目标，就好像迷失在沙漠里一样，没有方向，只能徒劳地转着一个又一个圈子。所以要成功就必须有目标，它才是成功的起点。

生活中，谁都想很快地登上成功的宝座，谁都不愿意让自己站在一个低起点上去奋斗去拼搏？但每个人的实际情况是截然不同的，有的智商高，家庭条件好；有的不是很聪明，家庭条件不好，如果不管先天条件是不是一样，而非强求不可的话，只会带来不必要的包袱。所以，应该学着将自己的目标定得实际一点，这样才能将目标变成真正的动力，而不是阻力，懂得放弃，其实也不失为生活的一种智慧，有时主动降低自己的起点，也会多一份自信，也会成功积累更多的资本。

所以一个明确的目标很重要，切不可急功近利，要知道路要一步一步地走。

人与人总有差距，就看你怎么看待它了。当发现自己与别人相比有很大差距时，同样也莫为面子和虚荣向他们看齐，而要打牢自己成功的基石，这样，前进的步子才会加快，才会赶上他，甚至超越他。越王勾践，假如不卧薪尝胆，不放下国王的架子的话，失去的恐怕不仅仅是面子了。

你只有勇敢地放下面子，才能在以后得到更多的面子，所以面子并不要太在意，只要没有确确实实的损失到尊严问题，因此目标一定要符合自己的先天环境。

时时刻刻都有一个明确的目标是一种好习惯。著名教育家陶行知先生曾经说过："一个人行为习惯的养成影响到他的一生，良好的行为习惯的养成，是一个人成功的起点。"所以日常生活中，我们一定要有明确的目标，一个坚定的目标是赢得成功、有所作为的基本前提，因为它的意义不仅在于面对种种挫折与困难时能百折不挠，更重要的还在于身处逆境能产生巨大的奋进激情，使自己的潜能得到最大发掘与释放。成功是给有头脑的人准备的，有了明确的目标，你就会抓住成功的契机，就会将理想变成现实，就会一直走下去直到自己成功。

西方有句谚语，"你想要的尽管拿去，只要付出相应的代价就行。"当然有了明确的目标，就要付出代价，然而只要你下定决心之后，你会发现没什么能阻止你达到目标。因为一旦有了成功的渴求，你就会产生强烈的使命感与责任感并为之拼搏。

在我们踏上成功起点，决心全面改变自己，去赢得更多的成功之际，先让我们弄清几项原则：成功是好的，然而尚未获得成功之前，要先订下当前的目标是什么，否则即使成功也只是一个单单的成功，而没有懂得更多一点。

师傅带着三个徒弟到草原上猎杀野兔。在到达目的地时，一切准备妥当，将要开始行动之前，师傅向三个徒弟提出了一个问题："你们看到了什么呢?"

大徒弟回答道："我看到了我们手里的猎枪、在草原上奔跑的野兔，还有一望无际的草原。"

师傅摇摇头说："不对。"

二徒弟回答说："我看到了师傅、大师哥、小师弟、猎枪、野兔，还有茫茫的草原。"

师傅又摇摇头说："不对。"

小徒弟的回答是："我只看到了野兔。"

这时，师傅笑着说："你答对了。"

目标是兔子，我们就首先是要看到兔子，而不是其他枝节，这样你才能专一地向那个目标进攻，就像在通向百合花的路上，我们的目标是前面的百合，可如果我们只是一味地想要欣赏四周的玫瑰或是其他一些略有点风姿的花，那就会延缓你到达的时间。

有位哲人说："决心攀登高峰的人，总能找到道路。"强烈的动机可以驱使人超越诸多困境，无需扬鞭自奋蹄。如果你已经清楚自己希望达到怎样的人生高度，那么就请矢志不渝地向着心中的目标拼搏进取，总有一天，你会敏锐地捕捉到成功的契机，顺利抵达理想的境地。一个大学生所要注意的就是那个最主要的听众——教授。所以只要足够的留心，很快就能够搞清楚老师的想法和他特别关心的问题。正如生活中，只要你能够留心，你就会对你的目标有彻底的了解。

许多人成功的经历告诉我们，成功不怕起点低，只怕我们不敢锁定目标，矢志攀登；成功不怕碰壁，只怕我们不敢碰壁，甚至碰错了壁。

在亚利桑那州有个男子，为了找寻一座位于某小镇的银矿矿源，他努力找寻了几年。

一次，他在一座小山的侧向挖出了大约 200 米的坑道，但是，这座挖出坑道的银矿早已被挖掘一空了，面对如此，他就放弃了原来的计划，过了不久，这名男子也去世了。

10 年后，某矿山公司买下这个地区的几处矿区，这家矿山公司重新挖出了当年被放弃的矿源，就在距离废弃坑道几米处，发现了从未有过的丰富银矿，仅仅相隔几米。

这就是坚持的力量，就是伟大目标所能够达到的一种境界。如果有了梦想，而不大胆前行，我们日后就不会发现有什么东西超出了自己的希望。机遇更多的时候是创造出来的，不是耗费时间等来的。

成功需要明确的目标，还要有积极的心态。生活中大概有百分之八九十的人都不满意他们的世界，然而在他们心中又缺乏一个他们所喜欢的世界的清晰图样，或有了决心却不去执行，还有的总是不断地变换自己的志向，这正是许多人虽然一生胸怀不满、反抗、斗争，而终于一事无成的原因。成功的人总是能迅速地做出决定，且只要是切合实际的，就不会变更，就会努力地坚强地走下去。

理想之花惟有用辛勤的汗水来浇灌，才能结出殷实的果子。其实人生就如战场，我们就是那些战士，如果在制定目标时豪情满怀，可一遇挫折就一蹶不振，当初的豪情立马烟消云散，这又怎么能拥有成功呢？所以心态很重要。

亨利曾写过这样一句话："我是命运的主人，我主宰自己的心灵。"而有很多人感叹自己并不是特别优秀的同时，老以别人之长与己之短做种种比较，无形中不断摧毁自己的信心和勇气，减弱自己智慧的光芒，其实有些时候，人与人的差别并不是我们想像的天地之遥，就看我们怎么看待了，同样是一座山，就看你是选择上山还是选择下山，你是选择成功还是选择失败。

一艘没有航行目标的船，任何方向的风都是逆风。坚定的目标是成功的起点，明确而坚定的目标，加上积极的心态，就是成功的开始。有了正确的成功意识和积极的心态，你就能看到周围的一切都存在着无限的机遇与可能，在目标的伴随下，你才会顺风而行。

5.希望是接近成功的首要条件

某成功人士这样说过："我的成功不是靠别人赐予的，而是靠自己的自救能力去完成的。否则我就永远在困境中挣扎。"人生之路布满荆棘，成功者的生活里同样有雨雪风霜，遇到困难就后退者永远无法品尝成功的喜悦；遭遇挫折就回头者永远没有成功的希望；怨天尤人者只落得独自悲伤；自暴自弃者只能是臭名远扬。

所以，人在困境中，要学会摆脱，而不是一味地沉沦，我们应该给自己继续奋斗下去的勇气和希望。如果说成功是喜悦的，那么，心怀希望则是成功的第一步。因为在走向成功的过程中，希望就像灯塔一样引领着我们。上帝对每个人都是公平的，每个人出生下来，都有自己的优势和长处，别总是以别人之长比自己之短，削弱自己的势力。我们要客观地估价自己，在正确认识缺点和短处的基础上，找出自己的长处和优势，我们要给自己希望，要学着欣赏自己，并不断地给自己以赞扬，如果有可能，也应该把自己的一些好成绩找出来，"炫耀"一番。

人生总是伴随着诸多痛苦，所以人更需要温情与鼓励，尤其是在面对挑战和困境时，需要的是可以引导他前进的力量，需要的是希望之光。世事无常，当遇到困难或挫折时，我们要将放弃、不可能、办不到等消极字眼从我们的字典里彻底删除掉，我们要勇于对自己说，"我可以"！"我准行"！无论何时，我们都要给自己以希望，我们都要相信自己，因为只有相信自己，人生的航向才会有目标，才会成功，即使失败了，然而在希望的激励下，我们也能乘风破浪。

把每一天都当作新生命的诞生而充满希望，每天都为自己播下希望的种子。当我们遇到困厄和挫折，遭受生命中突如其来的困难时，我们就能将眼光放远一点，那样你就能看得见成功的未来远景，便能走出困境，达到你梦想的目标。

在这个快节奏的社会里，我们每天要付出许多，才能有所收获，而希望是有所得的前提。有这样一则小故事。

每天，当太阳升起来的时候，非洲大草原上的动物们就开始奔跑了。

狮子妈妈在教育自己的孩子："孩子，你必须跑得再快一点，再快一点，你要是跑不过最慢的羚羊，你就会活活地饿死。"

在另外一个场地上，羚羊妈妈也在教育自己的孩子："孩子，你必须跑得再快一点，再快一点，如果你不能比跑得最快的狮子还要快，那你就肯定会被他们吃掉。"

同样我们所处的社会也在上演着大鱼吃小鱼的"剧目"，所以我们每天都要有希望，这样才不至于被吃掉。

小说家狄斯累利说："要时刻寻找机会，当机会降临时要果断、及时地把握它；当机会握在手中时要善于利用它并去争取成功，这是成功者必备的三种重要品质。"人心中一旦有了希望，就会试着去寻找成功的机会。

曾有个突然失去双亲的孤儿，生活过得非常贫穷，而惟一能让他熬过冬天的粮食，就只剩下父母生前留下的一小袋豆子了。但是，此刻的他，却决定要忍受饥饿。

于是，他将豆子收藏起来，饿着肚子开始四处捡拾破烂，这个寒冬他就靠着微薄的收入度过了。豆子原本可充饥，但他却总是饿着肚子，受着折磨，也不动那一小袋豆子。那究竟是为什么呢？是因为他太傻吗？不！在孩子的心中，已经充满着播种豆苗的希望与梦想，那发了芽的脆绿豆苗就是他的整个希望。整个冬天，即使饿昏过去，他也不曾去触碰那袋豆子，只因那是他的"希望种子"！

当春光温柔地照着大地的时候，这个孩子立即将那一小袋豆子播种下去，经过夏天的辛勤劳动，到了秋天，他果然得到丰富的收获。

然而，面对这次的丰收，他却一点也不满足，因为他还想要得到更多的收获，于是他把今年收获的豆子再次存留下来，以便来年继续播种、收获。

就这样，日复一日，年复一年，种了又收，收了又种。

终于，孤儿的房前屋后全都种满了豆子，他也告别了贫穷，成为当地最富有的农人。

拿破仑说："最困难之时，也就是离成功不远之日。"其实人世间本来就没有什么救世主，生命的路途全靠自己把握。所以面对困境不应该消沉，反而应在无望的渴望中为自己添一份希望。故事里的主人翁，在饥寒交迫的冬天里，即使饿昏，也不去碰"希望的种子"，这已成为他支持下去的重要动力。他对未来充满憧憬，它相信自己会有一个无可限量的未来，终于他成功了。所以人生一定要有希望，心存希望，任何艰难都不会成为我们的阻碍；怀抱希望，生命自然绽放光彩。

在不断前进的人生中，相信凡是看得见未来的人，也一定能掌握现在，因为明天的方向他已经规划好了，知道自己的人生将走向何方。

很多人在困境的时候，会觉得天空灰暗，生活一团糟，痛苦难堪。然而若你一直在希望的伴随下，不停地走，待得事情过去，猛然回头，你会发现自己如何来的勇气，竟也可以如此坚强，竟会离成功又近了一步。

有了希望，自信就会自然而然地产生；有了希望，成功就会更近一步。

雄鹰在蓝天上振翅翱翔，支撑它的是心中的希望与那份自信；国歌在奥运场上久久回荡，让选手成功的是希望是自信的力量。守望着满园的硕果，也是农民的希望；能拉起一张张沉甸甸的网，也是渔夫所希望看到的；科学家希望，让一颗颗卫星环绕地球；攀登者希望，让红旗在珠穆朗玛峰上高高飘扬。

一次，美国某大学的博士做了一个著名的实验。他挑选了最优秀的经理和最优秀的员工组成三个方阵，对他们说："你们是所有公司里最优秀的领导，因此，我们特意挑选了100名所有公司里最聪明的员工组成三队，让你们带着他们搞业务，这些员工的智商比其他员工都高，希望你们能让他们取得更好的业绩。"一年之后，这三队员工的业绩果然排在整个公司的前列。这时，实验者告诉了他们真相，这些员工并不是特意选出的最优秀的员工，只不过是随机抽调的普通的员工而已，经理们没想到会是这样，都认为自己的领导水平确实高，这时实验者又告诉他们另一个真相，那就是他们也不是特意挑选出的最优秀的经理，也不过是随机抽调的罢了。

一位诗人说过："把一个希望播种下去，收获的是一个行动。"这就是希望的魅力所在！在做任何事以前，如果能够充分肯定自我，就等于已经成功了一半。相信，有希望一切都有可能！

总是在清醒的时候告诫自己，要让自己的生活丰满起来，要勤奋，要积极，要珍惜。心情好的时候，对生活总能够驾轻就熟，可是一旦莫名的低沉下来，消沉就完全打乱了原有的节奏。就像那句歌词"我是一只小小小小鸟，想要飞却怎么样也飞不高。"希望、坚定的决心都不可少。

比如爬山，在不断地攀登时，要告诫自己，马上就要成功了，对于每一次的停留都不要灰心，而要把希望留在下一次。就好像挖井，每挖一下，就会想着有水冒出来，而不断失败后又会想下次应该会成功。人生也不外如此，只要你认定了一个方向敢于冒险，就大有可能成功，是因为你比别人执著，坚持着自己的希望。

6.阳光总在风雨后

漫漫人生路，谁也不能一帆风顺，谁都不能保证自己就能一路都与鲜花和阳光相伴，谁也不能断言自己不会遭遇挫折和打击。所以，磨难是人生旅途中的一道不可缺少的风景，所有的坎坷都是通向人生驿站的一道门槛。所以，在面对风雨时，就不要害怕，即使失败了，也是暂时而已，它并不可怕，怕的是一遇到困难我们就丧失了信心和斗志。

其实，没有经历过挫折与困难，又怎么能知道成功的滋味有多甜美？多吃点苦，我们才能在面对困难时，充满克服的勇气，才能找出更多解决问题的方法；每经历过一次困境，我们就会更添一分突破困境的信心，我们就会更自信，再险恶的境地我们都能安然度过。

其实，那些所谓的天之骄子，所谓的幸运者，也是最大的苦难者。当一个人突然陷入只能靠自己的努力才能摆脱的困境时，他们往往会出现想像不到的品质和意志。历史上最伟大的政治家、思想家、文学家，一生无一不是伴随着坎坷中踉跄而行。许多才华横溢而又品性善良的人们，仅仅因为他们成长的道路上没有出现可以使他们得以磨练的挫折，他们注定是要失败的。

司马迁下狱后，由于没有钱去贿赂，他只好忍受酷吏的摧残。这时的廷尉是杜周，在他残暴镇压下，京师囚徒多到六七万人。杜周也是有名的脏官，最初只有一匹马，还是瘸的，自从当了官，家产无数。此时司马迁是很悲愤的，他的《酷吏列传》就是写这批东西的嘴脸的。

其实，应该说，困境是锻炼自己的一所最好的学校。每一次失败，每一次打击，每一次损失，其实都酝酿着成功的萌芽，都教会我们在下一次有更出色的表现。在困境中寻找成功的希望，不忍受破茧而出时的疼痛，哪有蝴蝶翩翩起舞时的美丽！不忍受冬天的冰霜雪打，怎么能结出丰硕的果实。

《西游记》里边，唐僧师徒要经历九九八十一难方可成佛。世上最精致的瓷器，也要经过多次烧烤，才会坚固和精美。无数事实告诉我们，只有在"恶劣"环境中禁得住磨练的人，才会有可能成功。所以说，困境既是一个障碍，也是一种赐予，是一个新的已知条件。只要愿意，任何一个障碍，都会成为一个超越自我的契机。

人生总要面临各种困境的挑战，甚至可以说困境就是"鬼门关"。一般人会在困境面前浑身发抖，而成大事者则能把困境变为成功的有力跳板。所以对成功者来说，人生的每一个困境都是一个自我超越的机会，当成功跨越了人生的一个个坎以后，成功者们不

仅会收获财富，还攒得了智慧、宽广与磅礴，更是看到了人生不同层次上的一道又一道风景。

著名节目主持人杨澜曾这样说过："世人眼中的成功只有一瞬间，人生更多是由困境组成。困境是常态的，成功是中间一个非常态。往往与所谓成功结果无关，而是与过程相关的一个个困境。"一位在商界身居要职声名显赫的朋友有一次这样说："我的经历中最宝贵的经验也许不是那些商场上的成功为我带来的辉煌和风光的瞬间，也不是我的努力、我不达目的不罢休的勇气和力量；其实我真正传奇的经验就是我能在各种不利的甚至很糟糕的环境下，抽离我自己。"

史铁生说："同是生活在这个世界上，谁的生活中都难免有些艰难，谁心里都难免有些苦恼和困惑。甚至可以这样说，艰难和困惑就是生命本身，这是与生俱来的。甚至最终也不能消灭的。否则人生岂不就太简单了？"不管是一个凡人还是伟人，都会遇到困境。没有困境的人生，就是不完美的人生。在困境中，可以磨砺他们的意志，可以坚定他们的信念。

"不经历风雨，怎么见彩虹。"是啊，如果我们没有在困境中挣扎过，会有成功吗？困境，是一门课程，它教你思考人生，它教你成功的方法。正因为遭遇了困境，你才会从中思考，才会想自己如何才能脱身，才会仔细地思考，自己做的还有哪些不足的地方？哪些需要改正？

一段苦难的历史，固然令人难忘，但对于一个有思想的人来说，可以使自身进步。因为在困境中，只要我们静下心来，就更能好好地回忆过去，展望未来，就会取得更多的成功！在困境中，只要坚持一下，就一定能轻松地站立在成功的殿堂里，享受甜美的成功滋味。

有这样一个典故：挪威沿海的渔民多以捕捞沙丁鱼为生。渔民每次出海捕捞完沙丁鱼，抵港后总会发现，许多沙丁鱼早已死了。

由于死鱼卖不出好价钱，渔民们千方百计想让鱼活蹦乱跳地返港，但种种努力均告失败，但有一艘船捕捞的沙丁鱼却总能活着返港。这是什么缘故呢？原来，这艘船上的渔民捕获了沙丁鱼后，每次都要在鱼槽里放一条大鲶鱼。鲶鱼进入鱼槽，总是四处游动，到处挑起摩擦，沙丁鱼发现多了一个"异己分子"，自然会紧张起来，加速游动，以"躲避"鲶鱼。如此一来，沙丁鱼在拼命游动中保持了旺盛的生命力。这就是著名的"鲶鱼效应"。

一个人，从出生到死亡，始终离不开受苦。宝玉不经打磨就不能发光。没有磨练，人生就不会完美，生命热力的炙烤和生命之雨的滋润终会使你受益匪浅。

成功的经验往往都来自苦难的经历，生活中最可怕的事情是不能从一次失败中得到为下一次准备的智慧。每个人都有自己的经历，都会从中得到不同的成功的经验。所以，逆境往往是通向真理的重要途径。

而生活太安逸了，就会让人感到身心乏力，近乎于一种麻木的状态。如果指望在这种环境中有所作为，那是不切实际的。相反，绝境中让人寻找，让你发现原来世间铸就辉煌的故事，皆出于此。你会发现，你曾身陷的困境是一笔宝贵的财富，由精神的引领通往每个人心中的希望之桥。

渴望顺利和成功，但同样也需要挫折和失败，就好比生活中的酸甜苦辣，少了哪一种体验都会造成身体上的"营养不良。"

所以，不要幻想生活总是美好的，要知道不经历挫折的人生不会有成就。但是，如果因为一时的受挫就逃避，到头来懊悔的必定是自己，而如果克服了，那么你就会追求自己心中的梦想，说不定还有更大一笔财富在等着你。

突破困境——从失败中获得成功的资本。不在困境中拼搏，就在困境中颓废。如果一个人身处困境，却能从容面对，敢于拼搏，等待他的定会是阳光灿烂。像弗罗斯特所写的《未选择的路》：在

那两条路上，一条是平坦的，而另一条却是很少有人走的。在这条路上，遇到困境在所难免了，但只要我们勇敢地面对他，打败他，我们就可以成功，打垮那侵袭人类的绊脚石。

由此看来，人必须经历过无数的风雨，才能见到阳光，需经历过困苦，才能真正地体会到成功的喜悦。

7.走出困境靠自己

"人"就是靠自己两条腿走路的动物，没有谁可以真正的扶你。人生是一个不断认识自己、征服自己和超越自己的过程，也是一个不断展现自我的过程。每个人都会碰到事业的挫折、家庭的矛盾、人际关系的冲突等失意或困惑的事情，此时，外界的帮助固然重要，但最关键的还是自我解救。有句西谚说得好："自助者天助之"。

生活中，你是舞者，不是看客，过什么样的生活全在于你自己，在人生大舞台上一定会有很多的困难在等待着你，而一切是否能克服全在于你自己是否愿意改变这种境况。你的魅力，也正源于你自己的表现。你自己的态度才能决定你的高度，你自己的表现才决定你的执行力。靠自己，你的人生才能得以坚持，你的力量才能真正强大；靠自己，你才可以走出困境，你的人生才会更加辉煌，才会真正地丰富起来。

在历尽痛苦与艰难时，要从容不迫、义无反顾地走出困境，只有靠自己的毅力与决心。灾难来临，只有自己切身体验，也只有靠自己才能真正摆脱。

《老人与海》中的主人公桑提亚哥，面对着凶猛的恶鲨，拖着疲惫的身体与之进行了整整 81 天的抗争，最终战胜了鲨鱼；女排姑娘们卧薪尝胆，刻苦训练，终于登上了阔别 20 年的领奖台；双目失明的阿炳让《二泉映月》印记在了几代人的心中。

命运在自己手中，你每一天的努力，你一点一滴的耕耘都是在孕育着未来的成功。人生是一条没有尽头的路，要想不一直在困境中挣扎，就要靠自己的双手来掌舵。

2001 年 8 月 18 日，受聘为新加坡华夏管理学院咨询委员会副主席的周颖南就完全依靠自己的力量改写了自己的历史。

1929 年，他（原名周国辉）出生在仙游县城的一个书香门第。周颖南是家中独子，双亲望子成龙，自然对其寄予厚望。然而在动荡的年代里，注定他的早年生活要充满艰辛。那时，父亲办的学校被政府以不准私人办学的名义勒令关闭了，一家人的生活陷入困顿。但人穷志不穷，他小小年纪就主动为父母分担家务，贴补家用，也更加自觉刻苦地学习。

他并没有因为生活的贫穷，而辜负了父母的期望，初中的时候，由于成绩优秀，被学校特许免了学杂费，他有幸成为获得这种优待的第一人，直到初中毕业，他一直是用自己的努力换来所有的费用。

就这样，完全凭了自己的努力，他没有让父亲所叹息的"教了一辈子书，自己的儿子却读不起书的窘境"变为现实。

他的人生信条之一就是：永远不向困境低头，靠自己的努力改变自己的命运！

所以在面对小学教师的收入微薄，不能真正改变一家老小的生活状况时，在 1950 年，年仅 21 岁的他，走上了父亲当年的老路，南渡印度尼西亚泗水，他决心用自己的双手，彻底改变人生命运，开创属于自己的一片新天地。

在他到来之前，周家有 100 多位亲友散居印尼各地。但他却不愿意依赖亲友的资助，而是赤手空拳，一路拼搏地去闯荡自己的事业。

通过自己的努力打拼，终于有了自己的企业。可在 1984 年到 1986 年，他的企业也陷入了困境，但他并没有像别的一些老板那样掉下脸来，让员工、经理们解决，而是自己给自己加油，终于他的豁达感染了大家，使大家团结一心，总结经验，找出不足，共度难关。

一个人不是成功时得意洋洋才是真正的成功，而是在遇到困境时，自强不息，勇于面对困境。生活真正的独立者，真正的成功者，是靠自己走出困境的人。

俗话说得好："靠山山倒，靠水水流，靠人，人靠得住吗？"是啊，别人的梯子是靠不住的，只有靠自己的智慧才能真正地摆脱困境。

在同一个竞技场上，往日亲密的同学也可能会成为竞争对手，就业的压力往往让部分毕业生陷入困境。这时需要调整自己的心态，平静地对待就业竞争。自己首先就要树立正确的思想："要靠自己的力量在这个社会寻到一席生存之地，只有你自己努力才能闯出一片属于自己的天空。"与身边的同学交流经验固然重要，但千万不可死搬硬套。

也许我们常听老人说："生死由命，富贵在天"，这其实是人们在困境中自我安慰的话语，也是人们放弃理想的一个绝好借口。"天"何在？"命"又何往？佛祖的极乐世界、上帝的伊甸园虽然令人向往，谁又愿意去？世界上也从来没有什么救世主，要创造幸福的生活，只能靠我们自己。我们才是主宰命运的上帝。

对于生命来讲，并不是靠命运去指挥的。而是靠自己，靠自己的行动去改变自己的命运。自己的历史靠的是自己去谱写，不是靠任何人去预测！

即便有时迫于生活的困境，去做家教、去做劳力、清洁工等，但谁都没有资格看不起你，因为只有靠自己的劳动，才能走出困境，用自己的双手去创造，才能有美好的前途。

在家靠父母，出外靠朋友。日子一天一天的过，时间一秒一秒的走，父母总有一天会无力再帮你，身边的朋友终有一天也会离开，所以在遇到困境时，最终还是靠自己，靠自己调整内心，靠自己梳理自己，靠自己找到坐标的方向……才能从困境中坚强重生。

是啊，鸟儿终有一天离开母亲的怀抱，去挑战蓝天；我们终要自己出去闯荡，这就要求我们必须自立。当一个人身处困境和苦难的时候，别人能给予的帮助只是安慰和建议。最终能否走出来还是得靠自己，因为自己才是生活的主人。

某人在屋檐下躲雨，看见观音正撑伞走过。这人问："观音菩萨，普度一下众生吧，带我一段如何？"观音说："我在雨里，你在檐下，而檐下无雨，你不需要我度。"这人立刻跳出檐下，站在雨中："现在我也在雨中了，该度我了吧？"观音说："你在雨中，我也在雨中，我不被淋，因为有伞；你被雨淋，因为无伞。所以不是我度自己，而是伞度我。你要想被度，不必找我，请自己找伞去！"说完便走了。第二天，这人遇到了难事，便去寺庙里求观音。走进庙里，才发现观音的像前也有一个人在拜，那个人长得和观音一模一样，丝毫不差，这人便问："你是观音吗？"那人答道："我正是观音。"这人又问："那你为何还拜自己？"观音笑道："我也遇到了难事，但我知道，求人不如求己。"

生活上的困境会激发我们的潜能，但是过不去的心结却能彻彻底底地打倒我们。就像生命中那些沉重的东西，你越是在意就越是刺痛你的心；同样对痛楚的自然逃避、沉积，反而让生命更加沉重。成功者，往往都喜欢勤奋刻苦和持之以恒。因为他们知道，困境是上帝所赐予的磨练自己的机会，他们从不埋怨生活，而是认真把握了这样的机会，创造了一个又一个伟大的奇迹。

第七章 自己，就是生命的灯塔

很多人抱怨自己的命不好、运气差，整天哀声叹气、怨天尤人，偏偏这些人大多都成天无所事事、游手好闲，以至于最终一事无成。因此我们要明白"命运是掌握在自己手中的"这个道理，不依赖他人，积极地迎接挑战，勇往直前，努力拼搏，这样才能到达成功的彼岸。

1.好情绪，好结果

人从出生开始，就与情绪结上了缘，而且这些欢乐、忧伤、愤怒、恐惧、悲哀情绪将伴随你一生。也正如自然界一样，冬去春来，日出日落、花开花谢，人的情绪也是如此，时好时坏。戴尔·卡耐基曾说："学会控制情绪是我们成功和快乐的要诀。"

有一个故事。有两个秀才一起赴京赶考，路上遇到了一支出殡的队伍，看到了一口黑乎乎的棺材。其中一个秀才心里"咯噔"一下，凉了半截，心想：完了，真倒霉。于是心情一落千丈，那个"黑乎乎"的阴影一直挥之不去，结果，文思枯竭，名落孙山。

另一个秀才看到那个"黑乎乎"的东西时，心里也"咯噔"了一下。但他转念一想：棺材，官……财……，噢，那不是有"官"也有"财"嘛，好兆头啊！于是情绪高涨，走进考场，文思泉涌，果然一举高中。

回到家里，两人都对家人说：那"棺材"真是好灵验！

第一个秀才在考场上文思枯竭是因为情绪不好，而情绪不好是因为他碰见棺材后认为是"触了霉头"；而另一个秀才在考场上文思泉涌是因为情绪兴奋，而情绪兴奋是因为他碰见棺材后认为是"好兆头"。

每个人都会遇到这样或那样不顺心的事情，也许天灾人祸会随时降到你的头上，还有疾病悄然的袭击，如果你总是闷闷不乐地活着，总在抱怨自己是多么的倒霉，不顺心的事情为什么都会降临到我的头上？如此一来，你的心情就会难以快乐。

积极思维者对事物永远都能找到积极的解释，然后寻求积极的解决方法，最终得到积极的结果。接下来，积极的结果又会正向强化他积极的情绪，从而使他成为更加积极的思维者。

注意不断调节自己的情绪，不断改善自己的认知行为方式，才能在生活中成为一名真正的成功者！

如果你掌控好自己的情绪，总想到世界上还有很多人不如我呢？再难过我们还有生命；比起我们身边那些盲人和身残的人来说，我们就是快乐的。如果我们的负面情绪多，就会影响或危害身体健康与安全，因为好的情绪能为你带来快乐，坏的情绪将带你走进"地狱"。

一位村民看到死神正在前往一个村落，他很机警地询问死神前行的目的，死神面无表情地回答道："我要到前面的村落取走100人的性命。"村民听后立刻拔腿奔跑，他希望自己以最快的速度赶到那个村庄，告诉村民这个恐怖的消息。于是，他不辞辛劳地告诉每个人，要大家小心，因为他不知道死神会带走的那100人是谁？第二天早上，死神镰刀的光影映照着这纯朴的村落，当死神踏进这个村庄时，这位好心通报的年轻人却堵在死神前面，带着不满的口气说："你骗我，你昨天明明说要带走100个人的性命，可是为什么昨晚村子里却死了1000多人呢？"死神看了这位年轻人，心平气和地说："年轻人，你放心，我说100人就是100人，昨晚死的人只有100人是我名单里的人，而其余的人是被恐惧焦虑所带走的。"

其实，情绪的好坏是由自己掌握的，如果你以积极的心态去看待一切事情，你就是快乐的；如果以消极的态度去看待身边的事情，你就是悲伤的；快乐与不快乐就是一种感觉。控制好情绪，你每天就会乐呵呵的，心情好了，做任何事情都是快乐的，成功的几率也会很大。

因此，过于急躁的人，要学会自制、沉着、冷静；性格孤僻的人要学会与人共处，培养合群、活泼、开朗的性格；过于忧郁的人，要少回忆不愉快的过去，多体验现实的幸福，多展望美好的未来。总之，要善于寻找乐趣，不要自寻烦恼。

德国数学家高斯一生成果累累，其中一个重要原因，就是他非常关注调控情绪。正当他事业发展的顶峰时期，恰逢妻子病危，他抑制住悲痛，以更加倍的努力工作来驱散情绪上的阴影。在与妻子告别时，他告诉妻子他又攻克了一个难关。阿基米德面对外敌的刀剑，还说："等一等，让我把手头的题目解完。"

不良的情绪犹如一粒不良的种子。种下去结出的必然是一颗不良的果子。同样，不良的情绪不能为我们带来任何欢乐、任何智慧。相反，会给我们带来无穷的烦恼。学会控制情绪，昨天你对父母发脾气，可父母原谅了你，今天，你对朋友、同事发脾气，你却会失去他们。然而，这不是你希望看到的。情绪具有自然的本性，除非你有力量驾驭它，否则，你迎来的将是失败的一天，又会失去一个好朋友。

学会掌控情绪，才能真正掌握自己的命运。

美国一位铁路工人尼克，奉命去检查一节有冷冻功能的火车车厢时，却不小心被锁在车厢内，不管他怎么呼喊，依然没人能听到他的求救声。后来，他发现空气越来越稀薄，而冷冻的作用也让他越来越觉得寒冷，尼克只好将身体蜷在一起，把衣领拉得更高些，只是很不幸的，当其他人员发现时，已经回天乏术，尼克被"冻死"在车厢里了。后来，让人不解的是，那节车厢的冷冻功能本来就是坏的，尼克只是被自己的恐惧情绪"杀害"了。

英国科学家法拉第，年轻时体质较差，加上工作紧张，用脑过度，身体十分虚弱，多方求治也不见效。后来，一位名医给他进行了检查，没有给他开药方，只送他一句话："一个小丑进城，胜过一打名医。"法拉第细细品味这句话，悟出了其中的奥秘。从此，他经常抽空去看马戏和喜剧。精彩的表演，总是令他开怀大笑。他还到野外和海边去度假，调剂生活，经常保持愉快的情绪。久而久之，法拉第的身体逐渐地康复了。

经常保持好情绪，才能掌握自己的命运。掌控了自己的情绪，也就掌控了自己的命运。积极主动地控制情绪，你的命运将会发生很大的变化。

一对夫妻在做年度的身体健康检查时，太太被告知得了乳腺癌，先生得了胰腺癌，并且有严重的心脏病，主动脉血管有三分之一被阻塞，估计二人的寿命只剩下半年的时间。这对夫妻经过讨论后，决定好好度过余下的岁月，于是他们在白纸上写下最后想完成的五十件事，然后他们卖掉了伦敦的房子，将这笔钱用在环球旅行上。半年后他们回到了伦敦，在这半年的旅行中，他们格外珍惜生活中的每一天，每天他们都会开心地享受两人独处的时光，就好像回到初恋时的热情一样，这时的他们好像已经忘记自己是一个病人。当他们再到同一家医院做进一步检查时，奇迹发生了，医生惊讶地发现二人的癌细胞已经消失，连丈夫的动脉血管阻塞也好了许多，这个结果让医生都觉得匪夷所思。后来，医生通过了解才知道，这正是"正面情绪"的结果，因为当人快乐时，脑内会分泌一种"安多芬"，它能增加体内的淋巴球，进而增强对抗癌细胞的能力，让人重获新生，重获健康。

那些所谓成功的人，都拥有好的情绪。掌控自己的情绪，不要再被情绪所控制。每天早晨当你醒来时，不要有昨天的伤心心情，把昨天的哀愁变成今天的快乐。掌控好自己的情绪，你就会有一个好的结果。

曾有这样一个人，自己一生气就往外面跑，别人看了都觉得奇怪，就问他原因。他说："年轻时我一边跑一边想，我既没钱又没势力，哪有力气跟别人斗气。"后来，这个人老后变得又有钱又有

202

势力，每当遇到不开心的事，还是依然往外面跑，这时的他边跑边想："那些和我斗气的人，又没钱又没势力，我为什么要跟他们一般见识？"

想必大家都很熟悉《三国演义》中"三气周瑜"的故事。周瑜气量狭小，控制不了自己的情绪，结果为对方所欺，最后竟被活活气死。控制自己的情绪是身心增长的第一步，而情绪的运用则是自我管理与激励别人的妙方，请觉察每一个情绪背后的意义，它可能是死神的召唤，更可能是改变命运之门的钥匙。

美国心理学之父威廉·詹姆斯说，这一划时代的重大的发现，是我们可以通过控制情绪来改变生活。因此，要想改变自己的生活，必须改变自己的不良情绪。

2.爱你的优点，也爱你的缺点

一般情况下，优点和缺点是相互对应的，也许是因为缺点的存在我们才能看到我们或他人身上的优点，正如十五的月亮，它是如此的圆满我们才能感觉到平时它所存在的缺陷。

每个人身上都有缺点，但是我们不必回避它，应当正视它，经过自己的努力把缺点改正，使它变成自己的优点。

其实，每个人身上都存在一些不足，但并非每个人都产生自卑。其中主要的原因就是面对不足时，你采取了什么样的态度。

有个叫卡丝·黛利的女孩很喜欢唱歌，她的梦想是能当个歌手，

不幸的是她却长了阔嘴和龅牙。第一次公开演唱的时候，为了显得有魅力，她一直想办法把上唇向上撇，好盖住凸出的门牙。结果呢？她看起来很可笑，当然注定了最后的失败。

不过，有个人听了她的演唱之后，觉得她颇有歌唱天赋，便率直地告诉她："我看了你的表演，知道你想掩饰什么，你不喜欢自己的那口牙齿！"女孩听了觉得很羞赧。那人继续说道："这有什么呢？长龅牙并没罪，为什么要掩饰呢？张开你的嘴巴，只要你自己不引以为耻，观众就会喜欢你的。何况，这口牙齿还说不定会带给你好运气呢！"

卡丝·黛莉从此接受了这个人的建议，不再去想那口牙齿。从那时起，她关心的只是听众。她张大了嘴巴，尽情开怀地唱，最后终于成了顶尖的歌星。后来还有很多人刻意模仿她唱歌！

有的人身上，正是那些缺点才闪耀着他睿智的光芒，显示他人格的魅力。例如开国元勋许世友，他爱喝酒，脾气大，做事鲁莽，这些缺点到死也未改掉，但是他的英武和忠诚却光照史册。缺点的背面就是优点，当我们看到一个人的缺点时，你会立刻从其背面看到这个人有着与之相对应的优点。例如，鲁莽的人，可能是勇敢的；优柔寡断的人可能是深谋远虑的；骄傲的人可能是自信的，等等。当自己发现自己有某个优点时，你知道它的背面是不是还有一个对应的缺点在那里，是不是只是还没有暴露而已？我们要做的大概是尽量回避那个缺点，而发扬那个相对应的优点。

有一个五音不全的先生，他唱歌竟然能受到大家的欢迎。每逢大家聚会的时候，他必然会被众多掌声请上台。他完全无法拒绝大家的热情，只好每次都唱同一首歌，这就是被同事们称为"阿滨"的渡边先生。

阿滨先生很聪明，每次别人要求他唱歌的时候，他总会巧妙地利用自己的五音不全，唱起美空云雀小姐的歌——《五月的天空》。不可思议的是，只要阿滨的这首歌一唱出来，其他的美妙旋律都因而失色，完全不能与阿滨的歌声抗衡。

同事们在要求他唱歌时，一定会很整齐地用一首广告歌的旋律唱着："五音不全的渡边，唱首歌吧！虽然唱得很烂，让人听了头痛，还是请你唱首歌吧！"千呼万唤之后，阿滨终于带着一脸的笑容走出来了。他用右手中指推推那落伍的大黑眼镜后，以立正的姿势，开口唱"五月的天空，太阳又上升……"

他总是那么认真地唱着这首一成不变的歌，阿滨唱歌既不害羞，也不恐惧，仍然以他那认真的表情，继续唱下去。听他唱歌的人几乎都笑弯了腰，在大家笑得快喘不过气来的时候，阿滨仍然继续唱着；太阳……又上升……"

歌曲唱到这里，大家更忍不住笑得前仰后合！

但是，在大家的笑声中，绝对没有一丝轻蔑，因为个性温和的阿滨，缓和了会场中稍嫌僵硬的气氛。他不像一些自以为很会唱歌的人那样，在台上炫耀自己的优点，相反的，他是以另一种风格来为大家制造欢乐。听了他的歌以后，让人觉得血液畅通，神清气爽，反而觉得他"五音不全"的魅力很大！

人们做事的时候和唱歌一样，总会有这样或那样的不足，只要我们善于发挥自己的缺点，它便会成为我们的特点，而不会被人瞧不起。总之，有点小缺陷，不必要有自卑感，拿出勇气泰然处之，便会变弱为强，就会受到大家的喜欢和欢迎。

我们谁都希望自己的长处越多越好，短处越少越好；对待别人也一样，随时发现他们的种种长处，实施地毯式"优点轰炸"，以消除短处，使人更趋真善美。但是，如果一个人真以自己的长处为恃，由自豪转而自负、自狂，就可能遭受挫折与失败。"尺有所短，寸有所长"的确算得上金玉良言。

大部分人都有一种本能——在别人面前掩盖自己的错误或缺点。小孩子在父母面前掩盖自己的错误，学生在老师面前掩盖自己的错误，热恋中的情人在对方面前掩饰自己的缺点，大腕明星在公众面前更是对自己的缺点讳莫如深。这种遮遮掩掩、藏着掖着的做法结果如何呢？小孩子渐渐学会了撒谎，学生成绩下滑老师却始终找不到症结所在，恋人相处时间久了终于看清对方的"本来面目"，从而吵着分手，明星们的隐瞒反而成为狗仔队们竞相热炒的对象……总之，都是掩盖惹的祸！

人人都有缺点，人人都得为自己的缺点付出代价。有人说，我天生就这样改不了。如果是这样，也许他要因自己改不了的缺点而痛苦。金无足赤，人无完人。每个人都不可避免地有一些小的缺点。这些小缺陷本来很好改正和弥补，但是有很多人就是不去改正，而任这些小的错误滋长，直到酿成大错时，才悔之莫及。

一位记者在采访某位明星时，问道："请问对于大家谈论你结巴一事，你有何看法呢？"这位明星笑呵呵地说道："大家都知道我说话结巴，这早就不是什么秘密了，我才不会生气呢。我刚入行的时候就告诉所有人，我是一个说话会结巴的人，在紧张的时候尤其厉害，但这并不影响我唱歌、演戏，现在，我为这缺点的存在感到骄傲，因为我克服了它，并且取得了成绩。"听了这位明星的一番话后，那位记者只能在心底里暗暗佩服她的勇气，再也不可能就此追问下去了。这位明星以她"坦白的智慧"，不仅断绝了记者追问的后路，而且也为自己的影后光环又增添了一道夺目的光芒。试想，如果这位明星对自己的"结巴"矢口否认，那第二天的报纸娱乐头条上会不会出现《某某拒不承认自己结巴》这样的大标题呢？所以，有的事情不要掩盖也是在为自己找一条出路。

人们所具有的缺点就像脸上的雀斑，只有非常高明的人才能把它们转化为美人痣。恺撒大帝戴上月桂编织成的桂冠，以掩盖他光秃秃的脑袋。英雄如恺撒者尚且如此，我们就更不用说了。还是尽快改正自己的小毛病吧，别让它们遮掩了自己的光辉。

标榜自己缺点的人是愚人，掩盖自己缺点的人是庸人，主动亮出自己的缺点并努力改正的人才能称得上是一个智者。

所以，我们要学会放下自己的架子，亮出自己的缺点，主动向公众"自首"。坦白从宽，抗拒从严，这句话不仅适用于法律界，同样也适用于我们的社会交往中。

3.看到自己的长处

学会看到自己的长处，可以为自己的人生增值。富兰克林说："宝贝放错了地方便是废物。"在一个人的坐标系里，如果站错了位置，就会永久站在卑微和失意中沉沦。因此，学会发现自己的长处，即使它不怎么高雅入流，但也可能是改变你命运的一大财富。看到自己的长处，把自己安排在合适的位置上，就能经营出有声有色的人生。

美国微软公司总裁比尔·盖茨只有高中学历，因为他没有读完哈佛大学就去经营他的电脑公司了。但他却是世界上及时发现自己的长处，并果断地去运用自己长处的人，从而成为电脑之父、世界首富。

这也在告诉我们，只要充分利用自己长处的人，会容易取得成功。反之，成功的希望就会非常渺茫。因此，学会发现自己的长处，并大胆利用自己的长处，就能改变你的整个人生。

现代物理学的开创者和奠基人爱因斯坦，在20世纪50年代曾收到一封信，信中邀请他去当以色列的总统。出乎人们意料的是，爱因斯坦竟然拒绝了。他说："我整个一生都在同客观物质打交道，因而既缺乏天生的才智，也缺乏经验来处理行政事务及公正地对待别人，所以，本人不适合如此高官重任。"

美国著名作家马克·吐温，以前曾经过商。他第一次从事打字机的投资，因受人欺骗，赔进去 19 万美元；第二次办出版公司，因为不懂经营，又赔了 10 万美元，两次总共赔了将近 30 万美元，不仅把自己多年心血换来的稿费赔了个精光，而且还欠下了一屁股债。马克·吐温的妻子奥莉娅深知丈夫不是经商的材料，却有文学的天赋，便帮助他鼓起勇气，振作精神，重新走上了文学之路。于是，马克·吐温终于摆脱了失败的痛苦，在文学创作的道路上成就了伟业，在近代外国文学史上占有重要的一席之地。

"尺有所短，寸有所长"，世界上的每个人都有自己的长处，善于发现并经营自己的长处，就可以找到自己的发展天地。宋代诗人卢美坡有诗云："梅须逊雪三分白，雪却输梅一段香。"只要你善于发掘自己的潜力，发挥自己的优势，经营自己的长处，就能找到发展自己的道路，创造美好的人生。

从小就是末流学生的托马斯·沃森，作为美国国际商用机器公司总经理之子，同他声名显赫的父亲相比，简直是天壤之别。在读公司的商业学校时，各科的学业靠一名家教的鼎力相助才勉强过关。后来他开始学飞行，却意外有种如鱼得水的感觉，发现驾驶飞机对他竟是那样得心应手，这使他对自己的信心备增。第二次世界大战时，他当上了一名空军军官。这段经历，使他意识到自己"有一个富有条理的大脑，能抓住主要东西，并能把它准确地传达给别人"。最终，沃森继承父业成为公司总经理，使公司迅速跨入了计算机时代，并使年盈利在 15 年里增长了 10 倍。

每个人身上都存在着一些不足，并不是所有的人面对自己的不足都会产生自卑，而主要的原因就是面对不足时，采取了什么样的态度。有这样一则故事：有个人问一位盲人："你什么都看不到，这么活着不觉得痛苦吗？"这位盲人回答说："我痛苦干什么？和聋子相比，我能听见声音；和下肢瘫痪者相比，我能行走；和哑巴相比，我能说话。生活如此善待我，我为什么要痛苦？相反，我活着很快乐，也很充实。"一位盲人面对不幸，没有怨恨，没有自卑，只有对生活的感激——感激命运在给予他不公平的同时，生活恰如其分地填补了这份缺陷，赐予他一颗乐观豁达的心。

世上万物，各有所长，鸟儿因有翅膀而翱翔天空，鱼儿因其擅水而遨游江河。它们依靠自己的特长成为万物中的一员，在永恒的生存竞争中占有一席之地。假如它们抛弃自己的长处，就只能成为优胜劣汰的牺牲品。

一个贫困潦倒的希腊年轻人去雅典一家银行应聘一个守卫的工作，由于除了自己的名字之外，他什么都不会写，自然也就丢掉了这份工作。失望之余，他借钱渡海去了美国。许多年后，一位希腊大企业家在华尔街的豪华办公室举行记者招待会。会上，一位记者提出要他写一本回忆录，这位企业家回答："这不可能，因为我根本不会写字。"他的这句话使在场的所有记者都大吃一惊，这位企业家接着说："万事有得必有失，如果我会写字，那么我今天仍然只是一个守卫而已。"

曾在市场上风靡一时的《思想力》一书的作者珍奥集团董事长陈玉松是个"志当存高远"的人，他当过兵，从过政，做过党务。如果他要继续当兵，很有可能当上将军；他要从政也有可能做到一市之长，但他最终选择了做企业，担负起了一个企业集团的重任。陈玉松之所以放弃仕途，融入企业，这里除了一些外在偶然因素之外，主要与他客观地认识自己、了解自己有关。他深深明白，自己的优势不是当兵，不是从政，而是做企业、搞经营，只有经营自己的长处，才会在商海的大潮中劈波斩浪，做一个"闲庭信步"的弄潮儿。因此，他成功了！

人生的诀窍在于经营自己的长处，找到发挥自己优势的最佳位置。这些事例告诉我们：一个人事业成功与否，在很大程度上取决于自己能不能扬长避短，善于经营自己的长处。

一个小伙子面对高考落榜，心情十分沮丧，于是就整天游手好闲，心烦了便上街"打人"，以发泄心中的愤懑，成了人见人怕、远近闻名的"打手"。

一天，小伙子应"邀"进某高校"打人"，恰巧该校正在大礼堂举行一场题为"专家点拨成功之路"的报告会，被打的对象正在听报告，于是小伙子就站在门口等着。在等待的过程中，小伙子无意间听到了老教授的报告："每个人都有自己的长处，要想成就伟业，你就得善用自己的长处。"小伙子听后深受启发。散会后，他找到了这位老教授，满脸沮丧地问道："您说每个人都有自己的长处，可我却什么也没有啊！"老教授随意了解了小伙子的一些情况后，和蔼地说："你现在不就正准备利用你的长处吗？"小伙子懵了。老教授接着说："'打人'其实也是一种长处，只看你用他来干什么。如果你把它用于打击邪恶势力，惩治犯罪分子，那你就实现了你的人生价值，甚至能以之成就一番事业呢！"在老教授的点拨下，小伙子若有所悟。于是，在当年的征兵季节，小伙子参军入伍了。在部队里，他表现突出，屡次勇斗歹徒而立功受奖。复员后，政府给他安置了一份待遇优厚的工作，他更加兢兢业业，终于事业有成了。

也许在某一段时间里，你会为不得不做一些不喜欢的事而苦恼。英国散文家托马斯·卡莱尔说："世界上最不幸的人要数那些说不清自己究竟想做什么的人。他们在这个世界上找不到适合他们干的事，简直无处容身。"莫里哀和伏尔泰都是失败的律师，但前者成了杰出的文学家，而后者成了伟大的启蒙思想家。卡莱尔说："发现自己天赋所在的人是自信的，他不再需要其他的福佑。他有了自己命定的职业，也就有了一生的归宿；他找到了自己的目标，并将执著地追寻这一目标，奋力向前。"

在广阔的草原上，一只小羚羊忧心忡忡地问老羚羊："这里一望无际，没遮没拦的，我们又没有锋利的牙齿，难怪天生要成为狮子、老虎的腹中物。"老羚羊回答："别担心我的孩子，我们确实没有锋利的牙齿，而我们拥有可以高速奔跑的腿，只要我们善于利用它，再锋利的牙齿又能拿我们怎么样？"

其实，在每个人身上都会存在一些不足之处，面对这些不足，你又采取了怎样的一种态度。成功学专家 A·罗宾曾在《唤醒心中的巨人》一书中非常诚恳地说过："每个人身上都蕴藏着一份特殊的才能。那份才能犹如一位熟睡的巨人，等待着我们去唤醒他……上天不会亏待任何一个人，他给我们每个人以无穷的机会去充分发挥所长……我们每个人身上都藏着可以'立即'支取的能力，借这个能力我们完全可以改变自己的人生，只要下决心改变，那么，长久以来的美梦便可以实现。"

因此，学会经营自己的长处，就能为自己的人生增值，为自己的人生增添一片光彩。

4.学会爱，做个懂爱的人

一天，三个白须飘然的老人坐在一个妇人家院前歇脚。妇人虽然不认识他们，但还是友好地招呼他们进屋吃点东西。妇人邀请他们进屋，三个老者笑呵呵地谢了她，身子却没动。妇人觉得很奇怪，这时一位老人说："我们不能一起进屋。"然后指着身后的两个老人说：这位叫"财富"，那位叫"成功"，而我的名字是"爱"。你现在可以和你的家人商量，看你们最需要我们三个哪一位先进屋。

妇人便进屋把老人的话告诉了丈夫。丈夫惊喜道："既然如此，那我们就邀请'财富'老人吧，请他进来，这样我们就可以黄金满屋！我们日子就好过了。"

妇人不同意："亲爱的，我们为什么不邀请'成功'老人呢？做一切事情都能成功，那感觉会有多好！"

这时他们的儿媳听到后建议："我们可以请'爱'老人进来，让我们的家时时处处都充满着爱。"

"那我们就听儿媳的吧！"夫妇俩朝儿媳点点头。

妇人出去问三位老者："请问哪位是'爱'老人？请进来做客。"当"爱"老人起身向她家走去，另外两人也站起身来，紧随其后。

妻子吃惊地问财富和成功："我只邀请了'爱'老人，为什么两位也随同而来？"

两位老者答道："假如您邀请的是'财富'或者'成功'。那么另外两人会留在外面。但是您邀请了'爱'。'爱'走到什么地方，那里就会有'财富'和'成功'。"

在我们的人生旅途中，将会有许许多多的选择。哪里有爱，哪里就有财富和成功。如果失去了爱，储藏再多的财富也如一堆金属石头，个人事业上再大的成功也将黯然失色，无有依归。

爱，可以包容一切。在一个人的成长旅程中，一个人首先应该学会爱自己。卡耐基说过一段耐人寻味的话："发现你自己，你就是你。记住，地球上没有和你一样的人……在这个世界上，你是一种独特的存在。你只能以自己的方式歌唱，只能以自己的方式绘画。是你的经验、你的环境、你的遗传造就的你。不论好坏与否，你只能耕耘自己的小园地；不论好坏与否，你只能在生命的乐章中奏出自己的音符。"而在你的生活中你必须学会如何爱自己，我们自己可以给自己掌声，自己也可以疼惜自己，勿须依赖别人的怜悯，不如让自己活得更有尊严一点，要让别人爱你，不如先学会如何爱自己多一点。我们要爱别人之前，首先要学会爱自己。

　　学会爱自己，是源于对生命本身的崇尚和珍重。它可以让我们的生命更为丰满更为健康，让我们的灵魂更为自由更为强壮。我们要学会爱自己，爱自己并不是让我们自我姑息，自我放纵，而是让我们学会勤于律己和矫正自我，让我们学会了解自己、战胜自己，让我们能够直面人生。我们拥有的关怀和爱抚随时都有失去的可能，当一个人不会爱自己的时候，他（她）就可能会遇到很多心理问题，甚至障碍。而要解决这些心理障碍或心理问题，那么爱是最重要的补药，爱是最有效的力量，哪怕有的心理疾病是因为爱而产生的，也还是要用爱的力量来予以修复，这就是要人们真正地学会爱自己。上帝既然赋予我们人的灵魂，就会赋予我们人的才能。所以，在只有一生而没有永生的人生旅途中，要无怨无悔地走向人生的最后一步，就必须学会爱自己。如果不学会爱自己，就会使自己沉沦为一棵过早枯萎的草，就不会懂得爱的真谛。

　　人生自古多磨难。如果你能多爱自己一点，为自己而活，那么，你就可以把自己从牢笼里释放出来，做你自己，而不是别人希望中的你，如果你只是不断地去取悦别人，你一定不会有幸福快乐可言。只要你学会爱自己，那么你就会觉得幸福其实是那么平常，它只是小花落在水面上荡起的微微涟漪；而吃苦也并非那么可怕，它只是波涛拍打礁石而泛起的点点水花。

　　俗话说得好："爱人必须先要爱自己"。因为能爱自己的人，才能爱别人，如果连自己都不爱的人，别人很难会来爱你。一个不爱自己的人，就会没有自信，缺乏自信的人，就不会有美丽可言。

　　学会爱自己，在郁闷的时候为自己点一首歌，在孤独的时候为自己送一束花；学会爱自己，给自己的精彩来一点掌声，学会爱自己，为紧张的生活添一份悠闲。学会爱自己，让敏感的心灵倾听花开的声音和风的低语，让细腻的情感感受来自亲人、朋友的关爱和温暖。学会爱自己，我们也就学会了爱他人，爱这个世界。学会爱自己，也让别人更爱我们。

一天，有个人向一位大师求教："我该如何学习爱我的邻居呢？"大师说："你不要再恨自己。"这个人回去反复思索大师的话，几天后回来禀告大师："但是我发现我过分地爱护自己，因为我相当自私，而且自我意识甚强，我该如何除去这些缺点呢？"大师说："对自己友善一点，当自我感到舒畅时，你就能自由自在地爱你的邻人了。"多爱自己一点吧！

所以，我们要知道学会去爱自己，就是为自己在湛蓝的天空下，展示出一道最美的风景线。有时，爱自己是一种解脱与宽容。当你处于极度悲伤、极度痛苦且又无辜被人误解而没有人理解的境况下，你必须懂得爱自己。因为毕竟是误解，年轻便是资本，别人太多的刻薄、太多的埋怨，又岂能灼伤一颗年轻的心？惟有如此，生活对你来说才不至于永远是苦的。

学会爱自己吧！当你的梦想破碎，不必忧伤。只要你鼓起勇气，就会感到每一次失意，每一次挫折，都是一种成功的暗示。

对于别人的赞美与鼓励，是那么地难以掌握，那么我们为什么不能多赞美与鼓励自己呢？马克·吐温曾说："没有人要称赞你时，你不妨称赞自己一下。"多爱自己一点，就可以让自怜的情绪存在。当你学会爱自己时，你就会觉得自己是多么的重要，多么有价值。一个可以好好爱自己的人，才能够好好地去爱别人，这样才能使你成功。

学会爱自己，还要多做些你有信心可以完成的事，因为使自己完美的另一个要素就是"自信"。培养自信，你将会更加清楚地认识自己的价值，一个有价值又有自信的人怎么会没有魅力呢？但是，要明晰自信和自负之间的区别，自信是相信"我们都可以做到"，自负却是"只有我能做到"。

学会爱自己可以使我们懂得什么是爱，学会爱自己是一种成功，能够爱自己则是一种智慧。

我们要学会爱自己，才能不断在进步中超越自我，才能在不懈的跋涉中完善人生。

5.做最好的自己

世界上没有完全相同的两片树叶，也没有完全相同的两个人，在生活中我们不要刻意去跟别人比较什么，走自己的路，让别人去说吧！大千世界，芸芸众生，如果每个人都为了达到和别人一样而随意改变自己，一生都做着自己违心违意的事，是够累的。正如哲人所说的："世界上没有哪两片树叶是完全相同的"，所以，我们要记住做好自己，无须左顾右盼，只要我们知道自己生活在这个世上需要什么样的生活，那么就应该怎么去做，不要和别人比较什么，不管是贫穷，还是富贵；是丑陋，还是美丽；是傻子，还是天才……都不应该自卑，要相信自己是独一无二的，因为生命并没有高低贵贱之分。

在这个世界上每个人都是独一无二的，你就是你，伟大的剧作家莎士比亚曾说过："你是独一无二的。"在这个世界上，除了你自己，再也找不到第二个和你一模一样的人。你是独特的，你是惟一的，任何人也代替不了你。它决定了你在这个世界上的价值，而你就是绝世之宝，你是无价的。

215

　　你无须按照别人的眼光和标准来评判甚至约束自己，你无须总是效仿别人，保持自我的本色，做一个真正的自我，这是最重要的。

　　在生活中，有很多人在忙碌中迷失了自己，往往觉得别人好，羡慕别人的生活。总看着别人的职业好，地位高，权力大，背景强，在起跑线上就大赢特赢，他们是多么富有，多么伟大，多么潇洒，多么有钱有势，多么呼风唤雨。而觉得自己，像一匹在鞭光绳影中犁田耕地的牛，是一头受凌受辱只能咩咩叫唤的羊。他们为了更好地效仿成功者的方法和模式，往往是照猫画虎，却忘记了真实的自己，忘记了自己的优势，结果，不但模仿别人不像，而且到最后连自己的优势都丧失了，这是多么悲哀的一件事。其实，通向成功的起点，就是找到并发挥自己独特的一面。

　　著名的意大利电影演员索非娅·罗兰，为了追逐自己的演员梦，16岁就来到了罗马。刚开始，很多人议论她，说她个子太高，臀部太宽；有的人说她鼻子太长，嘴巴太小，下巴太小……种种议论都表明：她的形象根本不适合做一名合格的电影演员。

　　虽然有很多人议论她，但是她幸运地被制片商卡洛看中了，带她去试了许多次镜头。但摄影师们都抱怨无法把她拍得美艳动人，埋怨她的鼻子太长，臀部"太发达"了。于是，卡洛说："如果你真想干这一行，就得把鼻子和臀部'动一动'，要做一次美容手术。"

　　而罗兰是个有主见的人，她断然拒绝了卡洛的要求。她决心不靠自己的外表而靠内在的气质和精湛的演技来取胜，便理直气壮地说："我为什么非要长得和别人一样呢？我知道，鼻子是脸庞的中心，它赋予脸庞以个性，但是，我就喜欢我的鼻子，我必须要保持它的原状。至于我的臀部，那也是我的一部分，我只想保持我现在的原状，不想做任何的改变。"

　　罗兰并没有因为别人的议论而停下自己奋斗的脚步，而是将压力化成动力。自从 1950 年从影以后，她拍了 60 多部影片。她的演技达到了炉火纯青的地步，她的善良和纯情也被观众认可。1961 年，得到了奥斯卡最佳女演员奖，她成了世界著名影星。随着她事业上的不断成功，对她的议论都销声匿迹了。不仅如此，她的那些体态特征逐渐变成了评选美女的标准。当她把自己独有的一面展示给别人的时候，魅力也就随之而来了。在 20 世纪末，她被评为该世纪"最美丽的女性"之一。

总之，每个人都有适合自己的位置。我们不必去羡慕别人，只要做一个真实的、最好的你就可以了。

我们生活的这个世界本来就五彩缤纷，每个人的生活都是不同的，我们只是选择了其中的一种而已，我们既然选择了，就要认认真真地完成好。在大千世界中，我们只是芸芸众生中的一个，不是他，也不是你，我们始终只是我们自己，茫茫人海中的惟一的自己。所以无论人生的旅程有多少艰难坎坷或有多少艳丽风光，无论任何时候，最重要的是我们一定要做好自己！不要刻意去模仿别人。自己欣赏别人的某句话，某个动作，喜欢别人穿的衣服，别人戴的手表……随即，自己就去买了一个与别人相同的东西，或是模仿别人很经典性的肢体动作或语言，虽然自己把这种感觉找到了，但是当你达到"目标"的时候，你已经失去了你本身的特点，让别人觉得你很寻常很无味。所以，让我们学会去创新！做最好的自己。

戴尔·卡耐基就这一问题请教过保罗·波恩顿——一家石油公司的人事主管，他曾对 6 万多个求职者进行过面试，并且写过一本《求职六诀》。他认为："求职者通常犯下的最大错误，就是不能秉持本色。他们总是揣测对方期望得到什么样的答案，而不是直截了当地讲出自己的想法。"但这就错了，谁会要一个货不真、价不实的用品呢？

做最好的自己，我们需要树立正确的价值观。价值观是指导所有态度和行为的根本因素。《大学》中说："古之欲明德于天下者，先治其国；欲治其国者，先齐其家；欲齐其家者，先修其身；欲修其身者，先正其心；欲正其心者，先诚其意。"这段话点明了树立正确的价值观对于为人处事乃至建功立业的重要性，如果一个人的价值观不正确，无论他怎样努力，都会像南辕北辙的赶车人那样离成功越来越远；如果一个人拥有正确的价值观，他就可以更好地完善自己的人格，端正自己的人生态度；如果一个人拥有正确的价值观，就意味着他可以在大是大非的问题上做出正确的抉择；如果一个人拥有正确的价值观，就意味着他是一个有道德、讲诚信、负责任的人，是一个值得信赖、值得托付的人。

生命的价值，在于不断地超越自己。只有不断地超越自己，才能保持饱满的精神状态，迎接新的挑战，只有不断地超越自己，才能让你的明天更美好，只有不断地超越自己，才能让你的生命越来越有价值，只有不断地超越自己才能实现自我价值。超越自己，就是不断地扬弃，不断地创新，不断地跨越，不断地延伸，不断地否定自己，认识自己，向自己挑战，才能做最完美的自己！

"人生就是一大个舞台。"人在不同的阶段，要演好不同的角色。归根结底，要面对现实，学会做好自己。而对于成功的选择是靠我们自己的，成功的需要则是让你做最好的自己。一次又一次的你都是最好的自己，那么，成功便会永远属于你。做最好的自己，就是让你成功的好方法，这个方法是上天给予每个人的礼物，只要你好好利用这个礼物，你将受益匪浅。

6.每天给自己一个希望

在这个世界上，很多事情是我们无法预料的；虽然我们不能控制际遇，却可以掌握自己；我们无法预知未来，却可以把握现在；我们不知道自己的生命到底有多长，但我们却可以安排当下的生活；虽然我们左右不了变幻无常的天气，却可以调整自己的心情。要知道，人只要活着，就有希望，只要每天给自己一个希望，我们的人生就会永不褪色。

一位医生，素以医术高明而著称，但正当他事业达到巅峰时，却发现自己得了咽喉癌——这是他最了解的一种病，又是他多年致力研究的方向。和其他人一样，这位医生经历震惊、恐惧、不甘心，以及别人没有的愤怒。他很快又得知自己的生命期限：六个月到一年。经过一番深思，他最终接受了这个事实，而且他的心态也为之改变，他要在有限的时间里，快乐地体验生命，以全新的眼光和爱心去关怀周围的每一个人、每一件事，以期使自己的生命能更充盈、更丰富、更有意义。他变得更加宽容、更加谦和、更懂得珍惜所拥有的一切。对身边的一花一草，都怀着一份温柔；对身边的朋友和家人，甚至对陌生人，都笑颜相对；早上外出运动，他亲切地和别人打招呼问好；在医院，对病人他比以前更加亲切。在日常生活中，他开始每天为家里的盆栽浇水、剪枝。当看到那些植物欣欣向荣地成长，也带给了他很大的启示与希望。这也让他发现，原来生命可以这样丰富，而生活竟能以如此小的代价获得如此多的快乐。

就这样，他平安度过了好几个年头，没有人能知道他还能活多久，有人惊讶于他的事迹，就问他是什么神奇的力量在支撑着他。

这位医生笑盈盈地答道："是希望，每天早晨我都会给自己一个希望，希望我能多救治一个病人，希望我的笑容能多温暖一个人。"

在人生的这条道路上，财产与地位并不重要，而是在自己的胸中火焰一般燃烧的信念，即"希望"。每天给自己一个希望，你就会成为人生的胜利者。

著名发明家爱迪生，寻找合适做灯丝材料的试验曾做了 1200 次，也失败了 1200 次，就是找不到一种能耐高温又经久耐用的好材料。看到此情景，有人对他说道："你已经失败了 1200 次，难道还要试验下去吗？"爱迪生坚定地说："不，我没有失败，我已经发现了有 1200 种材料不适合做灯丝。"也正因为他这种积极、乐观、充满希望的工作态度，才激励着他获得了最后的成功。

人生是一个诠释希望的过程。在生活中，有很多事情需要你去寄予希望，去收获希望。而我们自己需要为自己所拥有的希望，认真地活好每一天，做好每一件事。有位哲人曾说："太阳每天都是新的。"当你失意的时候；当你正困惑的时候；当你正痛苦不堪的时候，你为什么不给自己一个希望呢？冲破黎明前那最黑暗的第一缕阳光，正是光明寄予万物的希望。

古时候，一位大臣因惹怒了国王而被了死刑。大臣向国王请求饶他一命，并说："只要给我一年的时间，我就能使您心爱的马飞上天空。如果过了一年，您的马不能在天空自如飞翔的话，我宁愿被处死刑，绝不会有半点怨言。"国王想了想，就答应了他。

当他回到牢房后，一位囚犯对他说："你不要信口开河好不好，马怎么能飞上天空呢？"这位大臣回答道："在这一年之内，也许国王会死，也许我自己病死，说不定那马出了意外送了命。总之，在这一年之内，谁知道会发生什么事呢？所以只要有一年的时间，没准儿马真的能飞上天空！"

这就是所谓的希望，这位大臣为自己争取到了最后一点点希望。在这个世界上，人最怕的就是绝望。绝望就好似癌症，它使人失去了面对现实的勇气，挣扎抗拒的勇气，而同此相反，希望却正如坚强的生之意志，它能使看似无可再生的事物重获新生，欣欣向荣，如果一个人心中有了希望，有什么东西可以打败他呢？所以，现实中的你，如果不想让自己的生活索然无味，不想让自己的人生一片黑暗，就应该学会每天给自己一个希望。

一个人掉到了河里，水流湍急，他被水冲向了下游。他拼命地在水中抓，想要抓住什么东西来救自己一命，但是手里抓的除了水，连水草也没有！他心想："这下完了，没救了！"正这样想着，他马上就没有力气，停止了挣扎，慢慢地向水下沉去。忽然，他想起在不远处的河岸边有一棵树，这时希望在他心中重新燃起，于是，他使出全身力气挣扎到那棵树那里。但伸到河里的那一截树枝早已枯死了，他刚拽到树枝，就听到喀嚓一声，树枝断了。就在这时，救援人员也及时赶到了，并将他从河中救了上来。事情过后，他说："要不是心中想着那截枯树枝，我根本等不到救援人员来！"

希望是什么？希望是一种坚定的信念，是一种强大的精神支柱，它支持着人们的理想大厦，它促使人们在任何艰难困苦面前，永远坚定、勇敢、顽强。一个人有了希望，什么艰苦环境都能忍受和适应。英国有句名言说："远大的希望造就伟大的人物。"希望是一种强大的精神力量。辩证唯物主义的认识原理也告诉我们：良好的精神状态，对所从事的工作有巨大的能动作用。因为只有在有希望的背景下，知识才能被更好地利用。一个人，即使他一无所有，但只要拥有希望，他就能拥有一切；而一个人即使拥有一切，却不拥有希望，那就会丧失他所拥有的一切。

1952年7月4日清晨，美国加利福尼亚海岸笼罩在浓雾中。

在海岸以西 21 英里的卡塔林纳岛上，一名 34 岁的女人涉水下到太平洋中，并开始向加州海岸游过去。如果成功了，她就是第一个游过这个海峡的妇女。这名妇女就是"游泳天才"弗罗伦丝·查德威克。在此之前，她是游过英吉利海峡的第一个妇女。

那天早晨，雾很大，海水也冻得她身体发麻，她连护送她的船都几乎看不到。时间一个小时一个小时地过去，千千万万人在电视上看着。有几次，鲨鱼靠近了她，被人开枪吓跑了。她仍然在游着。15 个小时之后，她又累又冷，知道自己不能再游了，于是就叫人拉她上船。她的母亲和教练在另一条船上。他们都告诉她离海岸很近了，叫她不要放弃。但她朝加州海岸望去，除了浓雾什么也看不到。她摇摇头说："我没有能力游到对岸了。"于是，人们把她拉上了船。几个小时过后，她渐渐地觉得暖和多了，却开始感到失败的打击。事后她对记者说："说实在的，我不是为自己找借口，如果当时我看见陆地，也许我能坚持下来。"

希望，是人生乐章的音符。希望，是打开困惑的钥匙。给自己一个希望，为人生赢得一份坦然。查德威克这位优秀的游泳健将仅仅因为没有看到成功的希望，便与成功失之交臂。

人生中，当生命的曲线处于低谷时，我们不能放弃心中的信念和信心。因为生命中有许多环节一旦放纵，就会走向彻底的消沉。因此，面对现实，面对生活中的每一天，不如每天给自己一个希望，在心中点盏灯，为着希望奋斗，跟着心灵的灯走。

每天给自己一个希望，希望是激发生命激情的催化剂。每天给自己一个希望，就如汽车要发动，一定要有汽油，不然即使是再精密的仪器，也不过是一堆机器而已；对于一个人而言，潜力和努力就是汽油，而信心和坚持，就是水箱里的水，少了任何一项都不行。同样，一个人要活得快乐、自在，每天给自己一个希望，就会拥有更加精彩的人生。

第八章 让正面思考掌舵快乐生活

"正面思考"使我们在最坏的时候，能往好处想。它使我们学会宽恕，学会感恩。带我们度过最艰苦的岁月，且与每个身经苦难的人结合得更紧密。因此，学会让正面思考掌舵自己的生活吧，这样你才会活得更加快乐！

1.营造快乐的生活环境

"快乐"在生活中并没有一个统一的标准。不同的人，对之会有不同的看法，不同的境遇，也会有不同的理解。有的人觉得有钱的人是快乐的，但有的人便认为有钱人的烦恼远比一般人要多得多，不是担心"后院起火"，就是担心有人图财害命，远没有那些平民百姓活得开心和逍遥自在。确实如此，快乐不是用金钱来衡量的。有钱的不一定快乐，没钱的不一定不快乐。一个人曾因为没有鞋穿而整日愁眉不展，直到有一天他碰到一个没有腿的人，他才感到自己和没有腿的人比起来，即使没有鞋，自己也是快乐的。

人生苦短，苦是一种生活方式，乐也是一种生活方式，既然如此，何不活得快乐一些呢？当今社会上流传着这样一句话："有权不如有钱，有钱不如有个好身体，有个好身体还要有个好心情。"什么是好心情？好心情就是笑口常开，天天快乐。因为快乐是无价的，是金钱买不到的。因此，快乐才是人生最重要的。

要创造快乐的生活环境。而环境是各种生命要素的总和，即温度、湿度、气候、土壤、水、空气、阳光、压力、重力和磁场等生命要素的总和。每一种生命要素，都是生命的支柱，不可或缺，不可改变。这时，积极创造良好的生活环境，是延年益寿的重要保证。

现实中，为什么有些人自寻烦恼，不会寻找快乐呢？这样的人是不会生活，生活也就不会幸福。因此，人要学会生活，学会快

225

乐。人的开心和快乐需要自己去寻找，在一个快乐的生活环境中，快乐才会来到你的身边，心情才会愉快。

作为世界级的超级食品公司——美国亨氏公司，其分公司和食品工厂遍及世界各地，年销售额在 60 亿美元以上，其创办者亨利·海因茨，1844 年出生于美国的宾夕法尼亚州，很小就开始做种菜卖菜的生意。后来，他创办了以自己名字命名的亨氏公司，专营食品业务。由于亨利善于经营，公司创办不久他就得到了一个"酱菜大王"的称誉。到 1900 年前后，亨氏公司能够提供的食品种类，已经超过了 200 种，成为了美国颇具知名度的食品企业之一。

亨氏公司之所以能取得这样的成功，与亨利注重在公司内营造融洽的工作气氛有密切关系。当时，管理学泰斗泰勒的科学管理方法盛极一时。在这种科学管理方法中，员工被认为是"经济人"，物质刺激成为他们惟一的工作动力。所以，在这种管理方法中，业主、管理者与员工的关系是森严的，毫无情感可言。但亨利却不这样认为。在他看来，金钱固然能促进员工努力工作，但快乐的工作环境对员工的工作促进更大。于是，他从自己做起，率先在公司内部打破了业主与员工的森严关系：他经常下到员工中间去，与他们聊天，了解他们对工作的想法，了解他们的生活困难，并不时地鼓励他们。亨利每到一个地方，那个地方就谈笑风生，其乐融融。亨利虽然身材矮小，但员工们都非常喜欢他，如此工作起来也特别卖力。

一次，亨利出外旅行，但不久就回来了，让员工们很纳闷。于是有个员工就走上前去追问原因。亨利略带失望地说："你们不在，我感觉没啥意思！"接着，他安排几名员工在工厂中央摆放了一个大玻璃箱——在这只玻璃箱里，有一只巨大的短吻鳄！亨利面带微笑，说："怎么样，这家伙看起来很好玩吧？"在当时，如此巨大的短吻鳄并不容易见到。围拢过来的员工们在惊愕之余，都高叫着好玩。亨利接着说道："我的旅行虽然短暂，但这是我最难忘的记忆！我把它买回来，是希望你们能与我共享快乐！"

正是亨利这种与员工苦乐共享的风度，使亨氏公司的员工们获得了一个融洽快乐的工作环境，也正是这个环境成就了亨氏公司。亨利的继任者们继承了他的这种风度，从而也就获得了公司今天的辉煌。

作为企业，从员工的角度出发，为员工创造良好的生活、工作环境，让员工的发展与企业紧密联系起来，让员工有能力通过借助集体的力量，不断创造自己生命中的奇迹，从而创造出企业发展的奇迹。如此一来，员工也会从一个快乐的工作环境中收获更多的快乐，心情愉快了，工作起来也就更具效率、更富创意，你的事业也会更加辉煌！亨利一个简单的思考，却带来如此大的效益，由此可见，营造一个快乐的生活环境，对我们人生起着重要作用。那么怎样才能为自己营造一个快乐的生活环境呢？营造快乐，这是一个多么庞大的话题。数千年来，人们在为营造快乐而不遗余力。人们通常讲，快乐是一样的，而不幸有千千种，然而快乐的原因也有千千种，所以营造快乐的方法也有千千种。但人要快乐，首先必须要有三大认识，即认清社会、认清自己、认清要做的事。

首先，我们要先认清社会。因为一个人在社会中是沧海之一粟，没有谁能脱离社会而存在。一个国家、一个地区、一个企业的特点、性质可以决定你的成功与失败，你适应了它，你就会功成名就，你就会为它所承认；你逆流而行，你的一切努力可能会付诸东流，甚至会把得到的一切全部丧失。因此，只有先认清了社会，你才能拥有营造快乐生活的基础。

然后就是认清自己。在认清社会的基础上，你需认清自己，自己的能力，自己的社会关系，自己的家庭背景等等，否则，去做自己根本就办不到的事，或是和自己差距大的进行攀比，只能徒增烦恼，当然更谈不上能够营造快乐生活了。

再有就是要认清自己要做的事。不管你干的是哪一行、哪一业，都有自己的规律，要想营造快乐，就必须掌握这个规律，力争做到游刃有余，否则一切都是空谈。

当你认清这三点后，就需要拿出实际行动来实现了。快乐不会从天上掉下来，明确的目的加不懈的奋斗，快乐自在其中。你要明白这样一个道理：追求的过程本身就是一种快乐，结果如何并不重要。

同是快乐，但快乐的意义却是不尽相同的。快乐有千千种，时时去追求快乐、感悟快乐，快乐自会存在，你可能年轻时受些挫折，当时可能无比伤心和懊恼，而到老了呢？又成了一种资本：我年轻时受过什么样什么样的磨练，你们这么点……就承受不了？反之，如果在你有为之年什么样的磨难都没有，又有什么可回忆的呢？失败、挫折、磨难本身就是生命中一道道亮丽的、不可缺少的风景线，只是当时你没有认识到而已。这对你时时营造快乐生活也是很重要的，因为人生的路途中不如意十有八九，当你认识到这个问题后自然就有了平常心，心情自然也就快乐起来。

当你由点到线，由线到面，由面到体，营造出一个快乐的空间，你生活在其中，就会天天快乐，一生快乐，延年益寿，活出高质量。

2.找到工作中令你满意之处

工作是一个人的生命载体，是人生存的一种需要，同样也是一种享受。选择了一种工作，就等于选择了一种生活方式。在一个人的生命中，工作所占的比例是最大的，尤其对上班族而言更是如此：醒着的时间中大概有 75%要花在与工作相关的事情上。随着当今社会的不断发展，社会竞争的不断加剧，工作压力也随之而来。做好工作，才能享受到最大的人生快乐。快乐工作是一种感觉，也是一种心态。

因此，无论你从事什么工作，都要找到工作中令你满意的地方。因为满意是一种心态，你的心态是为你所有的、完全受你控制的一种东西。如果你能做好那些"自然而来的事情"，对这些事情又有天然的才能或爱好，就很易于从中找到令你满意之处。

在互联网上曾一度流传着这样一段"猴人"录像：在震天动地的音乐声中，一个约六英尺高、秃顶、大脑门的男人跳上舞台，用力挥舞手臂，上窜下跳，还不时地仰天长啸，台下掌声轰鸣，呼声沸腾……不要误会，台上之人可不是表演的明星，他乃是大名鼎鼎的微软 CEO 史蒂夫·鲍尔默；而台下鼓掌叫好，随着音乐舞动的正是微软的数万员工。这个表演场景是来自微软的一次普通会议。40秒后，他终于跳到讲台后，嘶哑着喉咙喊："我有四个字送给大家！"全场立刻一片肃静，"I love this……company……"立刻又召来一阵狂热的欢呼……

"I LOVE THIS COMPANY!"此后，史蒂夫·鲍尔默每逢开会便以此开场。他从不吝啬表达对微软的热爱，甚至几年前因为在日本大喊"Windows"叫坏了嗓子，也丝毫未能降低他的热情。在这样的会议上大家对工作的热情互相感染，每个人的脸上都洋溢着对工作近乎痴迷的狂热和对客户发自内心的热情。会后，一位在微软工作的年轻人感慨："我被我们的 CEO 鼓动得热血沸腾，那时候，即使是让我为公司去撞墙，我都会毫不犹豫。"激情的功效，由此可见一斑。

工作是一个人一生也做不完的事情，如果对自己做的事情有天然的才能或爱好，就很容易从中找到令自己满意之处。而当自己接受一项并不喜爱的工作时，就有可能受到心理或情绪上的挫折。然而，如果你能运用积极的心理态度，如果你能受到激励去获得经验，从而对你的工作掌握得很熟练，你就能缓解并最终战胜这种挫折。

对每个人来说，他对工作的态度，比工作本身更重要。要检测一个人的工作态度，就要看他在工作时所具有的精神面貌，如果他对工作是被动地接受而非主动的，就像奴隶在主人的皮鞭督促下劳动一样；如果他对工作感到厌恶，对工作没有热诚和爱好之心，就不会觉得工作中有一种喜悦，也就找不到令自己满意之处；相反，会感到自己是在干苦役，那么，他在这个世界上就不会有任何成就。

有这样一则故事：

有人曾问三个砌砖工人："你们在做什么？"

第一个工人头也不抬地回答："你没看到吗？我正在砌砖，这真不是人干的活儿。"第二个工人有气无力地回答说："我正在修房子，这可真是件苦差事，如果不是为了一家人的温饱，我才不愿意干这种粗活呢？"而第三个工人却一脸愉快的表情，说："我正在建筑一座世界上最富特色的房子。"

若干年后，前两个工作者一直是普通砌砖工人，而第三个人最后成了一个出色的建筑师。

一个人在工作时所持有的态度，不仅与他的工作效率与品质有很大关系，而且对他本人的品格也有很大的影响。工作是一个人人格的表现，更是志趣与理想的体现。但在现实中，很多人从各自的工作中找不到自己的满意之处，不知道尊敬自己的工作。只是机械地把工作看成是谋生的一种工具，用工作赚得的工资只是为了换取一些生活的必需品。把工作看成是一种不得不做的苦役，而不是把工作看成一种锻炼能力的手段，一所训练与造就品格的学校。他们不懂得，一旦"需要"驱使人们去工作，它同时也在驱使人们去发展自己最优良的品格，让人们在奋斗与努力中发挥他们的所有才能，去克服一切阻碍成功与幸福的因素。当他们拿到不劳而获的金钱时，他们不觉得可耻，不觉得有罪。工作对于他们来说只是一种苦难。他们不懂得毅力、坚韧力以及其他种种高贵的品格都是从努力工作中得来的。一个人常常抱怨和鄙视自己的工作，他的生命也决不能取得真正的成功。

哲学家黑格尔说："没有激情，世界上任何伟大的事业都不会成功。"一个对工作充满激情的人，做任何小事都会力求做好，对于再平淡的生活也会认真对待，善于从工作中找到令自己满意之处。因此，努力做好工作中的每件小事，是成就未来的基础，通往成功的铺路石。

日本政府的邮政大臣野田圣子刚步入社会时，当时妙龄少女的她来到东京帝国酒店当服务员。这是她涉世之初的第一份工作，也就是说她将在这里正式步入社会，迈出她人生的第一步。因此她很激动，暗下决心：一定要好好干！她想不到：上司安排她洗厕所！当她用自己白皙细嫩的手拿着抹布伸向马桶时，恶心得几乎要吐出来，太难受了。而上司对她的工作质量要求特别高：必须把马桶刷洗得光洁如新！她陷入困惑、苦恼之中。她面临着这人生第一步怎样走下去的抉择：是继续干下去，还是另谋职业？这时，一起工作的一位前辈出现在她的面前，他什么也没有说，只是一遍遍地抹洗着马桶，直到抹洗得光洁如新；然后，他从马桶里盛了一杯水，一饮而尽，动作非常自然，好似喝了一杯可口的饮料。临走时，同事送给野田圣子一个意味深长的微笑，还送给她一束鼓励的目光。这给了野田圣子很大的震撼，她从没想到过人们眼中最肮脏的马桶，竟能刷洗到如此洁净的地步，野田圣子激动得热泪盈眶，她痛下决心："就算一生洗厕所，也要做一名最出色的洁厕工！"从此，她成为一个全新振奋的人，成了一个充满激情、立志创造奇迹的人，她迈好了人生漂亮的一步。后来，37岁的她便当上了日本的邮政大臣。

由此，我们可以发现这样一个道理：工作中令自己满意的地方，就是改变或调整自己的工作态度。对于自己的工作和同事，你是抱着正面的还是负面的态度？你常向别人抱怨自己的工作吗？你抱怨你的上司、工作、同事、部属、客户或供应商吗？你一早醒来想到工作就心烦，黄昏时"迫不及待要离开这个鬼地方"吗？对工作和同事越是抱着负面的心态，就越没有成功的希望。成功路上阻碍的大小，与一个人对工作的负面感觉成正比。当一个人的负面感受越强烈，遭受的阻碍就越大。

现实中，很多人不会用"有趣"来形容他们的工作，因为在他们眼里，工作毫无乐趣可言，如此，也就扼杀了任何成功的机会，成为迈向成功的最大的障碍。一个人的态度可能从极端地憎恨工作到消极地"坐着等待时间过去"，当一个人用后者的态度看待工作时，那么工作其实和坐牢没什么两样。

罗斯·金曾说："只有通过工作，才能保证精神的健康；在工作中进行思考，工作才是件快乐的事。两者密不可分。"当你在乐趣中工作，精神愉悦，就爱你所选，别轻言变动。如果你开始觉得压力越来越大，情绪越绷越紧，无法从工作中找到乐趣，获得满足感，就得先静下来思考一下是工作的问题还是自己的问题。如果我们不从心理上调整自己，即使换一万份工作，也不会有所改观。

找到工作中令自己满意之处，把工作视为一种乐趣，生活就是天堂；如果视工作为一种义务，一种毫无乐趣的苦役，生活就如地狱。珍惜工作，从工作中找到自己的满意之处，享受工作带来的乐趣，你就会拥有更多的快乐，你的人生就能处处沐浴在暖阳中。

3.忘记昨天，享受今天

著名棒球手康尼·马克曾说："过去的我常常为输球而烦恼不已，现在我已经不干这种傻事。既然已经成为过去，何必沉浸在痛苦的深渊里呢？"在生活中，有许多这样的日子：为昨天的失去，我们常常念念不忘，喋喋不休；为明天的美丽，我们又能常常意气风发，热血沸腾；于是就经常在昨天和明天之间埋怨和幻想，从而失去了最宝贵的今天。

有这样一则小故事，说是有一位年轻人的记忆力特别强，对于过去的一切都能铭记于心，于是他就整天生活在过去之中，悔恨而埋怨，时而又自怨自艾。后来，发展到精神萎靡不振，不得已他走进了心理诊所。心理医生经过详细的诊断，给他开了 8 个字的处方："忘却过去，享受今天。"后来，他铭记医生的忠告，生活过得很快乐。在现实中，为什么有些人总不开心，就是没有把不该记的东西忘却。

昨天只是失去的今天，而明天又是未来的今天；惟有今天，我们才真正地拥有。把握好今天，才拥有一个真实的自己，去踏平一条坎坎坷坷的道路；把握好今天，充分利用好每个今天，才能摆脱昨天的痛苦，耕耘今天的幸福，收获明天的喜悦。

一位美国人在海边散步，见一个渔夫正在捕鱼，于是问道："花多长时间能捕到这些鱼？"渔夫回答："只一会儿的功夫。"美国人接着问："为什么不在海上多花一点时间，捕更多的鱼？"渔夫说："这些鱼已足够家庭所需。"美国人问："那你其他时间去做什么呢？"渔夫说："我每天睡到很晚，上午钓钓鱼，陪孩子玩，和老婆睡个午觉，每晚到村里喝点酒，跟朋友弹弹吉他，每天都活得很充实。"

美国人不无嘲讽地说道："你应该花更多时间捕鱼，接着买艘大一点的船，然后再买几艘船，最后拥有一个捕鱼船队和自己的罐头厂。然后，你可以搬离这个沿海小村庄，到大城市去扩展事业。"

"先生，那要花多长时间？"渔夫说。

美国人说："大概 15 年至 20 年，你就是富翁了，你就可能搬到一个小渔村，去钓钓鱼，跟孩子们玩一玩，每晚溜达到村里喝点酒，跟朋友弹弹吉他。"

听到这里，渔夫笑道："先生，如果是这样，为什么要绕那么大的一个圈子呢，我今天不正过着你设想中的生活吗？"

人生漫长，谁也不知道以后的路会是什么样，但人们还是把自己最美好的愿望与无限的憧憬寄托在明天，明天是一个未知数，所以只有珍惜今天，享受今天，你的明天才能是快乐的！

有人曾说："昨天，是一张作废的支票；明天，是尚未兑现的期票；只有今天，才是现金，有流通性的价值之物。"无论昨天是多么春风得意，但都已成过眼云烟；明天虽有无限的憧憬，但毕竟是尚未实现的梦幻。因此，只有今天，才是真正实在的生活。当我们站在今天的轨道上回顾昨天，就会发现昨天的成功失败都暗淡失色了。今天的太阳淡薄了昨天的光彩，今天的轻拂抹去了昨天的泪痕。我们为什么还要留恋昨天，幻想明天，只有牢牢把握今天，才能在今天的沃土中播下希望的种子。

曾有这样一个笑话：

一个穷人说："等我有钱了，我买两斤油条，两碗豆浆，喝一碗，倒一碗。"可是，假如他真正有钱了，他会不会喝一碗倒一碗不说，那个时候，就怕他一碗都喝不下。

明天的快乐是未来的，很难把握，更是不能用来享受的生活；昨天的日子就是再辉煌，也早已成为了不能追溯的记忆。"昨天是神话与传说，明天是文学和艺术，惟独今天是金子。"是的，昨天失去固然可惜，而明天毕竟还距离我们遥远，只有投入今天，才能抚平昨天所有的遗憾和宣言，今天才是生命的航道。

一个女孩早上去上班，却被老板毫无道理地给炒了鱿鱼。中午，她坐在公园的一条长椅上黯然神伤，感到自己的生活失去了颜色，变得暗淡无光。这时，她发现不远处一个小男孩站在她的身后咯咯地笑，她好奇地问小男孩："你笑什么呢?"

小男孩一脸得意的神情说："这条长椅的椅背是早晨刚刚漆过的，我想看看你站起来时后背是什么样子。"女孩一怔，猛地想到：昔日那些刻薄的同事不正和这小家伙一样躲在我的身后想窥探我的失败和落魄吗？我决不能让他们的用心得逞，我决不能丢掉我的志气和尊严！女孩想了想，指着前面对那个小男孩说，你看那里，那里有很多人在放风筝呢。等小男孩发觉到自己受骗而恼怒地转过脸时，女孩已经把外套脱了拿在手里，她身上穿的鹅黄的毛线衣让她看起来青春漂亮。小男孩甩甩手，嘟着嘴，失望地走了。

西方有句谚语说："不要为打翻的牛奶哭泣。"是的，被打翻的牛奶已成事实，不可能被重新装回瓶中，我们惟一能做的，就是找出教训，然后忘掉这些不愉快。人生不如意十之八九，不要沉迷于过去，学会把握今天，享受今天，你才能永往直前！

一位西方考古学家，无意间在古罗马城的废墟里发现一尊"双面神"的雕像。这位考古学家虽然学贯古今，却对这尊神像很陌生，于是问神像："你为什么只有一个头，却有两副面孔呢？"

"因为这样才能一面察看过去，一面展望未来。"双面神回答。

"可是，你为何不注视最有意义的现在？"考古学家追问。

"现在？"突然，双面神号啕大哭起来。原来，他就是由于没有把握住"现在"，罗马城才被敌人攻陷，它因此遭人丢弃在废墟中。

昨天属于过去，不管是如何辉煌或暗淡，它会随着时光的流逝而远去，留给我们的只有记忆。它不能影响你什么？昨天永远都是过去式，如果只羁绊于过去，又怎能洒脱地走向美好的明天呢？今天无论你怎么用力摇树，明天的树叶也不会在今天落下来。世上有许多事是万不能提前的，活在当下，抓住今天才是谋财致富中最实实在在的态度。今天无论你怎么为昨天打翻的牛奶哭泣，它也不会再次出现在你的面前。不为昨天的记忆所累，牢牢地把握今天。

人生不是一成不变的，既然昨天已属于过去，我们就应该告别昨天，向着今天、明天积极进取，让新的黎明抹去昨天的哀愁与喜悦，重筑一片湛蓝的天空。让新的太阳再次普照充满鸟语花香、诗情画意的前程，让新的行动重新谱写比昨天更灿烂、更辉煌的篇章。

我们应该平静地面对昨天的成功和失意，因为那终究将成为过去。明天是海天相接的弧线，可望而不可及，永远不会到来；只有今天才能掌握在我们的手中，踩在脚下，它才是真真正正、实实在在的，只有它才能显示人生的珍贵。

因此，在时钟的每一声嘀嗒中，生命中的一秒已经从你身边溜走。这时每走一秒都是新的，都是新的起点，每一天的你都可以做全新的自己。跟昨天说声"再见"，珍惜今天的每一时刻，让每个今天过得都比昨天更充实、更有活力！

4.你也拥有宝贵的财富

现实中，时常听到一些人抱怨自己贫穷，比不上别人拥有更多的财富；其实，人的一生，除了金钱之外的财富，每个人都拥有宝贵的财富。

有这么一位年轻人，时常抱怨自己贫穷，命运不济。常常为自己不能拥有千万财富而长吁短叹，既怨恨父母没有创造出巨大的基业留给他，也怨恨自己没有机会让自己过上富裕的生活，也因此变得怨天尤人、自暴自弃。

这时，一位老人实在看不过去了，就走上前质问这位年轻人："上帝和父母已经给了你一切，你已经拥有了丰厚的财富，为什么还要抱怨呢？"

年轻人疑惑不解地问道："我有丰富的财富，在哪里？"

"比如你那双明亮的眼睛，卖给我吧，给你一千万。"老人说道。

"不，我不能失去光明。"年轻人急忙回绝道。

"好，那就将你的一双手卖给我吧，我给你一千五百万。"老人又说道。

"不，我不能失去双手。"

这时，老人说道："既然有一双眼睛，可以去学习；有一双手，可以劳动，怎能说自己是贫穷的呢？"

年轻人恍然大悟。

也许有人会说："我不贫穷，因为我有享用不尽的财富。"真的是这样吗？其实不然，人的一生，除了金钱以外的财富，也需要我们好好去珍惜。年轻就是财富，生命如初升的太阳，充满无穷活力，能创造出你无法想像的奇迹，试想，给你 100 万，让你变成一个 80 岁的老头，你愿意吗？不愿意！那你就拥有了 100 万。财富不是拥有货币量的多少，而是能让你幸福生活的空气、阳光和水等，也包括你心底的喜悦和脸上的笑容！

曾有这样一则故事：一个残疾人来到天堂找到上帝，抱怨上帝没给他一副健全的体格，上帝什么也没有说就给残疾人介绍了一位朋友。这个人是因刚刚死去不久才升到天堂的，他感慨地对残疾人说："珍惜吧朋友，至少你还活着"。一个官场失意被排挤下来的人找到上帝，抱怨上帝没给他高官厚禄，上帝就把那位残疾人介绍给他，残疾人对他说："珍惜吧，至少你的身体还很健全"。一个年轻人找到上帝，抱怨上帝没有让自己受到重视和尊敬，上帝就把那位官场失意的人介绍给他，那人于是对年轻人说："珍惜吧，至少你还年轻，前面的路还很长。"

是啊，人活着本身就是一种财富。因此，我们应该学会珍惜。在人生的道路上，风和日丽的日子会有，风风雨雨的日子也会有。其实每个人身上都存有闪光点，只要能学会发现、学会珍惜，美好的生活就在我们身边。

一位美国老师曾给他的学生讲过这样一个难忘的故事：

"我曾是个多虑的人，"他说道，"但是，1934 年的春天，我走过韦布城的西多提街道，有个景象扫除了我所有的顾虑。事情的发生只有十几秒钟，但就在那一刹那，我对生命意义的了解，比在前 10 年中所学的还多。那两年，我在韦布城开了家杂货店，由于经营不善，不仅花掉所有的积蓄，还负债累累，估计得花 7 年的时间偿还。我刚在星期六结束营业，准备到'商矿银行'贷款，好到堪萨斯城找一份工作。我像一只斗败的公鸡，没有了信心和斗志。突然间，有个人从街的另一头过来。那人没有双腿，坐在一块安装着溜冰鞋滑轮的小木板上，两手各用木棍撑着向前行进。他横过道路，微微提起小木板准备登上路边的人行道。就在那几秒钟，我们的视线相遇，只见他坦然一笑，很有精神地向我打招呼："早安，先生，今天天气真好啊!'我望着他，突然体会到自己何等的富有。我有双足，可以行走，为什么却如此自怜? 这个人缺了双腿仍能快乐自信，我这个四肢健全的人还有什么不能的? 我挺了挺胸膛，本来准备到'商矿银行'只借 100 元，现在却决定借 200 元；本想说我到堪萨斯城想找份工作，现在却有信心地宣称：我到堪萨斯城去找一份工作。结果，我借了钱，找到了工作。

"现在，我把下面一段话写在洗手间的镜面上，每天早上刮胡子的时候都念它一遍：我闷闷不乐，因为我少了一双鞋，直到我在街上，见到有人缺了两条腿。"

其实，每个人的身上都拥有宝贵的财富。因为当你早上醒来发现自己还能自由呼吸，就比在这个星期离开人世的人有福气；如果你从来没有经历过战争的危险、囚禁的孤寂、折磨的痛苦和忍饥挨饿的难受；如果你的银行账户还有存款，钱包里有现金，那么，你已经身居于世界上最富有的 8% 之列。如果你的双亲仍然在世，并且没有分居或离婚，那么你已经属于稀少的一群。如果你还能抬起头，面带笑容，并且内心还充满感恩的心情，你已经真的是很幸福了。因为在这个世界上，大部分的人却没有如此的幸福。

总之，人的一生总会遇到这样或那样的不幸，而快乐的人却不会将这些放在心上，他们没有忧虑。所以，快乐是什么? 快乐就是珍惜我们已拥有的一切，不要抱怨自己，要学会用我们自身的优势去开创自己的天地。

5.快乐来源于积极思考

快乐是人生中不可缺少的伴侣。只有快乐，才能让我们的生活
更加充满生机。但在物欲横流的今天，人们被功名利禄驱赶着，在
精疲力竭的情况下很难找到真正的快乐。在生活中，人们抱怨生活
中有太多的磨难与苦楚，抱怨生命中有太多的曲折与艰辛。

什么是快乐？快乐是一种心理感受，全由自己来决定。因为你
只要拥有积极的思想，快乐就会随时围绕着你。

布雷顿说："世界上没有比快乐更能使人美丽的化妆品。"快
乐是生活的点缀。快乐对于人的魅力，可以胜过任何事物。幸福的
奥秘是什么？为什么现代人经常不快乐？怎样保持生命的最佳状
态？怎样走进一个洋溢积极的精神、充满乐观的希望和散发着青春
活力的心灵世界？美国心理协会主席马丁·塞里格曼曾提出了"积
极心理运动"的观点，意思是通过发挥一个人的积极心理，从而使
人们尽可能增加快乐。

古时，一位虽享尽天下荣华富贵的国王却总是闷闷不乐。于
是，他传令国中的智者为他寻找快乐的秘诀。一位智者说，只要找
到一位快乐的人，把他的衬衫借来穿上，就可以找到快乐了。于
是，国王连忙下令在全国寻找快乐的人。国王的手下遍访了全国最
有财富、最有知识、最有地位的人，可这些人都说他们并不快乐。
正在失望之际，他们看见了一位农夫，一边干活一边高兴地唱着

歌。他们问农夫说："你快乐吗?"农夫回答道:"是啊,我很快乐。"国王的手下们忙说:"那好,快把你的衬衫脱下来,献给国王。"那农夫说:"可是我从来没有穿过衬衫呀。"

一个从没穿过衬衫的农夫却很快乐。快乐并不神秘,也不遥远,快乐就在我们的身边,关键是你对一件事物拥有积极的思考,才能感受到快乐。

一位名叫塞尔玛的女士陪伴丈夫驻扎在一个沙漠的陆军基地里。因为丈夫奉命到沙漠里去演习,于是留她一人在基地的小铁皮房子里,天气热得受不了——在仙人掌的阴影下也有华氏 125 度。在她身边也没有可谈天的人——只有墨西哥人和印第安人,而他们又不会说英语。于是,她非常难过,写信给父母说,要丢开这儿的一切回家去。

父亲的回信只有两行,但这两行信却永远留在她心中,并完全改变了她以后的生活:两个人从牢中的铁窗望出去,一个看到泥土,一个却看到了星星。

塞尔玛一再读这封信,觉得非常惭愧。于是,她决定要在沙漠中找到"星星"。塞尔玛开始和当地人交朋友,他们的反应使她非常惊奇,她对他们的纺织品、陶器表示出兴趣,他们就把最喜欢但舍不得卖给观光客人的纺织品和陶器送给了她。塞尔玛研究那些引人入迷的仙人掌和各种沙漠植物、物态,又学习有关土拨鼠的知识。她观看沙漠日落,还寻找海螺壳,这些海螺壳是几万年前,这沙漠还是海洋时留下来的。原来这些难以忍受的环境变成了令人兴奋、留连忘返的奇景。

在这里,沙漠没有改变,印第安人也没有改变,是塞尔玛的观念改变了、心态改变了。一念之差,使她把原先认为恶劣的情况变为一生中最有意义的冒险。她为发现这个新世界而兴奋不已,并为此写了一本叫《快乐的城堡》的书。拥有积极的思考,塞尔玛从自己造的"牢房"里看到了"星星"。

现实中，有人身处逆境、疾病缠身，真是"屋漏又逢连阴雨，船破偏遭顶头风"，简直倒霉透了，怎能快乐起来呢？其实，事情并不见得有那么严重，只要自己拥有积极的心态，快乐就会常在。卡耐基曾说："遇到一件事情，如果我们有着快乐的思想，我们就会快乐；如果我们有着凄惨的思想，我们就会凄惨；如果我们有着害怕的思想，我们就会害怕；如果我们有着不健康的思想，我们就会生病。"只要一个人拥有了快乐的思想、乐观的情绪，就会发现生活中有无尽的快乐，就能从困难、挫折、不幸中品尝到"快乐"。

生活中，有快乐也有苦恼，但在其中却蕴藏着许多快乐。一位诗人曾写过这样的诗句："生活是多么广阔，生活像海洋，凡是有生活的地方，就有快乐和宝藏。"由此可见，生活中并不缺少快乐，而是缺少对快乐的发现。只要我们拥有了积极的人生态度，就拥有了快乐的思想，我们就能发现更多的快乐。

犹太人是世界上最会赚钱的民族，曾有段犹太民谚是这样说的：如果断了一条腿，你就该感谢上帝不曾折断你两条腿；如果断了两条腿，你就该感谢上帝不曾折断你的脖子；如果断了脖子，那也就没什么好担忧的了。在生活中，快乐无处不在，只看你有没有一双聪慧的眼睛，有没有一副理性的头脑，有没有一颗平常心。一个清贫的农夫，整天穿梭劳作中，但他每天却是快乐的，就连皇帝也享受不到这种快乐。

拥有积极思想的人，对任何事情都抱着乐观的态度，即使遇上挫折，他们也会认为那是帮助他自己的成功大树开始生根、发芽的种子。拥有积极的思想是成功的起点，是生命的阳光和雨露，让人的心灵成为一只翱翔的雄鹰。选择了积极的心态，就选择了成功的希望；选择了积极的心态，就拥有了快乐的人生。

法国著名作家拉伯雷曾经说过："生活是一面镜子，你对它笑，它就对你笑；你对它哭，它就对你哭。"快乐取决于自己的心态。一个老太太，已垂老到走路不能自如的境地，还坚持在景山公园的台阶上一级一级地往上蹭。她脸上阳光灿烂："这是我每天最快乐的事啊。"人的欲望像一个无底的黑洞，永不满足；但只要保持积极的心态，用爱的目光去发现世界的美丽，就会获取生活的快乐，就能沉浸在快乐的氛围中。

一位大臣因智慧非凡而深受国王的器重，无论遇到什么事情，他总会抱着积极乐观的态度，正是这种态度，为国王化解了不少的难题。国王非常喜欢打猎。一次在追捕猎物时，不幸弄断了一节食指。国王剧痛之中，立刻召来智慧大臣，想听听他对这次意外断指的看法。谁知这位大臣却轻松自在地对国王说，这是一件好事，并劝国王往好的方面去想。国王非常生气，以为大臣在幸灾乐祸，故意取笑他，即命侍卫将他关到监狱里。待断指伤口愈合之后，国王又兴冲冲地忙着四处打猎。不料祸不单行，国王迷路闯进了丛林，被丛林中的原始部落的人活捉去了。依照部落的惯例，必须将活捉的这队人马的首领献给他们的神。于是他们便抓了国王放在祭坛上。在祭奠仪式将要开始时，主持的巫师却突然惊叫起来。原来巫师发现国王断了一截手指。按他们那里的传说，献不完整的祭品给天神，是会受到天谴的。于是，他们连忙将国王解下祭坛，驱逐他离开。国王狼狈地回到朝中，庆幸大难不死。忽而想起大臣所说：断指未尝不是一件好事，便立刻将他从牢中释放出来，并当面向他道歉。但这位大臣依然保持着他的积极态度，笑着对国王说："臣在牢中，当然是好事。陛下不妨想想，今天我若不是在牢中，陪陛下出猎的大臣会是谁呢？"

其实，人生中，只要你正面看待生活，你就会发现，快乐无时无刻不在环绕着你。磨难、苦楚、曲折、艰辛是在给生活涂上五彩斑斓的颜色，这样的人生才是精彩的、才是完整的。因为大海有巨浪才有雄浑，沙漠有狂沙飞舞才有壮观。只要我们正确认识快乐，快乐就会随时随处伴我们左右。聋哑教育家海伦·凯勒曾经说过："面对阳光，你就永远看不到阴影。"是啊，只有我们对事物拥有积极的思考，就能享受到生活的快乐、人生的美好！

6.快乐取决于你的选择

现实中，有些人大部分时间都很快乐，有些人则是永远不快乐，其实，快乐与否，只在我们自己的选择。当你口渴难耐，只看到半瓶饮料时，你会抱怨为什么只有半瓶呢，还是满足于半瓶饮料也能解渴呢？当你出门遇到红灯时，你是埋怨红灯阻碍了你的行程，还是满足于路途中的歇脚流连呢？当上司分配给你一个棘手的工作任务时，你是苦恼于任务的艰难，还是满足于可以接受挑战，得到锻炼呢？其实，无论在怎样的情况下，快乐的心境都是由自己来选择的。人生在世，不如意之事十有八九，当不能时时事事顺心顺意时，要以积极的心态去面对，迎战坎坷，也会从中享受极大的快乐！

有一位老妇人，每天总是高高兴兴的，身边的人受她的感染，大家的心情也十分愉快。有人问她是如何保持这样的心情的，是不是有什么神奇而特别的秘诀？老妇人解释道："一点都没有，毫无秘密。我每天一早起来，就要面对两个选择，是希望这一天快乐呢，还是选择不快乐。你猜我会选择什么？我当然选择快乐啊，所以我整天都心情愉快。"

快乐与痛苦是一对孪生兄弟，不同的只是在于你的选择。就如夏天和冬天一样，如果你认为夏天会带来快乐，你就会选择夏天，然而冬天定会来临，它也不会给你带来不幸和痛苦，只是因为你选择了夏天而拒绝了冬天，才会有不幸和痛苦的产生。其实，对你来讲，夏天或冬天本没有什么区别，不同的只是你的感受而已，惟有当你不执著于其中之一时，你才能享受两者，快乐才会永存。

著名哲学家苏格拉底还是单身时，和几个朋友一起住在一间只有七八平方米的房子里，但他一天到晚总是乐呵呵的。有人问他："那么多人挤在一起，连转个身都难，有什么可乐的？"苏格拉底说："朋友们在一起，随时都可以交换思想，交流感情，这难道不值得高兴吗？"时间长了，朋友都成了家，一个个先后都搬出去了，屋里只剩下苏格拉底一个人。但他每天依然还是那么开心。有人又问："你一个人孤孤单单，有什么好高兴的？"苏格拉底说："我有很多书啊，一本书就是一个老师。和这么多老师在一起，时时刻刻都可以向老师请教，这怎么不令人高兴呢？"

其实，世间的许多事情本并无所谓好坏，全在于个人怎么看。当我们面对一件事情时，要学会如何保持乐观豁达的心境而避免自寻烦恼。19世纪德国哲学家叔本华说："人们不受事物影响，却受到对事物看法的影响。"生活是一种艺术，只要你学会生活、学会选择，不要让世俗的尘埃蒙蔽了双眼，别让太多的功利给心灵套上沉重的枷锁，你就会发现快乐如同星星密布般在我们身边的每个角落里，几乎随手可得。

曾有一则这样的故事：甲和乙是一对好朋友，一次在海上遇险，两人漂流到一个荒岛上。两个人为了最后一点食物起了争执，乙打了甲一耳光，甲十分气愤地跑到海滩上用树枝写道：某年某月某日，乙打了甲一巴掌。后来他们又到山上去找食物，甲脚下一滑，几乎跌落山崖，幸亏乙及时拉了他一把，甲才没有掉下去。甲十分感激，于是就用小刀在石头上刻道：某年某月某日，乙救了甲一命。

对此，乙十分不解，就向甲请教其中的缘故。甲微笑着说："我把你我之间的不快与误会写在沙滩上，是希望它在海水涨潮的时候就消失得无影无踪；我把彼此之间的快乐和友谊刻在石头上，是希望它能和石头一样不朽。"

其实在我们身边，快乐无处不在。但因每个人看问题的角度不同，思考问题的出发点也不同，那么得到的结论也就不尽相同。在故事中，甲是一个聪明的人：他选择了快乐，于是快乐也选择了他。有些人总觉得自己的生活充满不幸与悲伤，他们很奇怪为什么有些人每天总是快快乐乐的？其实道理很简单，这在于自己的选择。如果你选择的是快乐，那么快乐就会围绕在你的身边；但如果你的眼里看到的只有烦恼，那么烦恼就会越来越多，直至让你窒息。

一个叫弗雷德的人去参加一个舞会。他想："没有人会跟我说话，我知道我一定玩得不开心。"因此他愁眉苦脸，觉得花心思也没有用，便索性躲在角落里。所有人都看得出他一点也不喜欢这个舞会，所以也没有人跟他说话。于是，弗雷德"成功"地让自己度过了一个沉闷的夜晚。然而舞会结束后，他却责怪舞会上的其他人！

生活中到处充满了选择。有人说过："快乐是自己选的，烦恼是自己找的。"所以说只要你愿意选择快乐，那么你一定就是快乐的。

一个病人躺在病床上，绝望地看着窗外一棵被秋风扫过的萧瑟的树。他突然发现，在那树上，居然还有一片葱绿的树叶没有落。病人想，等这片树叶落了，我的生命也就结束了。于是，他终日望着那片树叶，等待它掉落，也悄然地等待自己生命的终结。但是，那片树叶竟然一直未落，直到病人身体完全恢复了健康，那片树叶依然碧如翡翠。其实，那棵树上并没有树叶，是一位画家画上去的，并不是真树叶，但它达到了真树叶生动真实的效果，给了那位病人一个坚强的信念：活着，只要那片树叶不落，我的生命就不会死。

其实我们的人生就如小鸟一样，天空小鸟的快乐，在于它选择了自由，选择了与生活中的困难作斗争，在于它自己对艰辛独特的品味。笼中小鸟的快乐，在于它的丰衣足食，它轻松安逸地在笼子里生活着，在于它有自己的一种自由感悟。快乐源于选择，快乐源于如何看待自己的选择。

西卡是一位饭店经理，他的心情总是很好。当有人问他近况如何时，总会回答道："我快乐无比。"有人好奇地问他："我不明白，你不可能一直那么积极。你是怎么做到的呢？"他说："每天早上，我一醒来就对自己说，西卡，你今天有两种选择，你可以选择心情愉快，也可以选择心情不好，我选择心情愉快。每次有坏事情发生，我可以选择成为一个受害者，也可以选择从中学些东西，我选择后者。人生就是选择，你选择如何去面对各种处境。归根结底，你自己选择如何面对人生。"

西卡接着说："生活总是充满了选择，你会遇到各种各样的事情，你选择对这些情况做出什么反应，别人怎么影响你的情绪，是要好心情还是要坏心情。归根到底，如何生活取决于你的选择。"

一天，他忘记了关后门，被三个持枪的歹徒拦住了，并朝他开了枪。幸运的是，有人把西卡送进了急诊室。经过18个小时的抢救和几个星期的精心治疗，西卡出院了，只是仍有小部分弹片留在他体内。

过了几个月后，一位老朋友见到了他。朋友问他近况如何？

他说："我快乐无比。想不想看看我的伤疤？"朋友看了伤疤，然后问当时他想了些什么。西卡答道："当我躺在地上时，我对自己说了两个选择：一是死，一是活。我选择了活。医护人员都很好，他们告诉我，我会好的。但在他们把我推进急诊室后，我从他们的眼中读到了'他是个死人'。我知道我需要采取一些行动。"

"你采取了什么行动？"朋友问。

西卡说："有个护士大声问我有没有对什么东西过敏。我马上答'有的'。这时，所有的医生、护士都停下来等我说下去。我深深吸了一口气，然后大声吼道：'子弹！'在一片大笑声中，我又说道：'请把我当活人来医，而不是死人。'"

就这样西卡活了下来。在这个世界上，无论身份如何，无论地位如何，每个人都要面临生、老、病、死的遭遇，都会遇到这样或那样的挫折，你的生活取决于你自己。正如毕加索所说，画的好坏取决于画家的眼睛，生活也是如此。

快乐在于选择，朋友，当清晨的第一缕阳光划过窗台，请微笑着对自己说："今天，我选择快乐。"放开心胸，去品味灿烂的阳光与绚丽的彩虹吧，你就是快乐的使者。